기출의
파급
효과

과 탐
영 역 —
생명과학 I
하

해 설

기출의 파급효과

생명과학 I (하)
해설

빠른 정답

UNIT 4 – PART 1

문항번호	정 답	문항번호	정 답	문항번호	정 답	문항번호	정 답	문항번호	정 답
1	ㄴ	2	ㄱ	3	ㄷ	4	ㄱ	5	ㄴ
6	ㄱ	7	ㄱ, ㄷ	8	ㄴ	9	ㄱ, ㄷ	10	ㄱ, ㄷ
11	ㄴ	12	ㄱ, ㄴ, ㄷ	13	ㄴ	14	ㄱ, ㄴ, ㄷ	15	ㄱ, ㄴ
16	ㄱ	17	ㄴ	18	ㄱ, ㄴ	19	ㄱ, ㄴ	20	ㄱ, ㄴ
21	ㄱ, ㄴ, ㄷ	22	ㄱ, ㄷ	23	ㄱ	24	ㄱ	25	ㄴ
26	ㄴ, ㄷ	27	ㄱ, ㄴ						

– PART 2 (1)

문항번호	정 답	문항번호	정 답	문항번호	정 답	문항번호	정 답	문항번호	정 답
1	ㄱ	2	ㄱ, ㄴ	3	ㄱ	4	ㄱ, ㄴ	5	ㄱ
6	ㄴ	7	ㄱ	8	ㄴ	9	ㄱ	10	ㄷ
11	ㄱ	12	ㄴ, ㄷ	13	ㄴ	14	ㄱ		

– PART 2 (2)

문항번호	정 답	문항번호	정 답	문항번호	정 답	문항번호	정 답	문항번호	정 답
1	ㄴ, ㄷ	2	ㄷ	3	ㄴ, ㄷ	4	ㄱ	5	ㄴ
6	ㄱ	7	ㄷ	8	ㄴ	9	ㄱ	10	ㄴ
11	ㄴ, ㄷ	12	ㄱ	13	ㄱ, ㄷ	14	ㄴ	15	ㄱ, ㄴ, ㄷ
16	ㄴ	17	ㄴ	18	ㄱ, ㄴ	19	ㄴ	20	ㄱ
21	ㄴ	22	ㄱ	23	ㄱ, ㄴ	24	ㄴ, ㄷ	25	ㄴ

– PART 3 (1)

문항번호	정답	문항번호	정답	문항번호	정답	문항번호	정답	문항번호	정답
1	ㄱ	2	ㄱ	3	ㄴ, ㄷ	4	ㄴ	5	$\frac{1}{4}$
6	ㄴ, ㄷ	7	ㄱ, ㄷ	8	ㄱ, ㄴ, ㄷ	9	ㄱ, ㄴ, ㄷ	10	ㄴ, ㄷ
11	$\frac{1}{4}$	12	ㄴ, ㄷ	13	$\frac{5}{8}$	14	7	15	ㄱ, ㄷ
16	ㄴ, ㄷ	17	$\frac{1}{16}$	18	$\frac{3}{4}$	19	ㄱ, ㄷ	20	ㄱ, ㄴ
21	$\frac{1}{8}$	22	$\frac{1}{8}$	23	$\frac{1}{32}$				

– PART 3 (2)

문항번호	정답	문항번호	정답	문항번호	정답	문항번호	정답	문항번호	정답
1	ㄴ	2	ㄴ	3	ㄱ, ㄴ, ㄷ	4	ㄱ, ㄴ, ㄷ	5	ㄱ, ㄴ, ㄷ
6	ㄱ	7	ㄴ	8	ㄴ, ㄷ	9	ㄱ, ㄴ, ㄷ	10	ㄱ
11	ㄱ, ㄷ	12	ㄴ	13	ㄴ, ㄷ	14	ㄴ	15	ㄱ
16	ㄴ	17	ㄴ, ㄷ	18	ㄱ, ㄷ	19	ㄱ, ㄷ	20	ㄱ
21	ㄴ	22	ㄱ	23	ㄱ	24	ㄱ, ㄴ, ㄷ	25	ㄴ, ㄷ
26	ㄱ, ㄷ								

– PART 4

문항번호	정답	문항번호	정답	문항번호	정답	문항번호	정답	문항번호	정답
1	ㄱ, ㄷ	2	ㄴ	3	ㄱ, ㄴ	4	ㄴ	5	ㄴ, ㄷ
6	ㄱ, ㄷ	7	ㄷ	8	ㄱ	9	ㄴ, ㄷ	10	ㄴ
11	ㄴ	12	ㄱ, ㄴ	13	ㄱ	14	ㄴ, ㄷ	15	ㄱ, ㄷ
16	ㄴ	17	ㄱ, ㄷ	18	ㄴ	19	ㄱ	20	ㄴ, ㄷ
21	ㄱ	22	ㄴ, ㄷ	23	ㄱ, ㄷ	24	ㄱ, ㄷ	25	ㄱ, ㄴ
26	ㄴ	27	ㄱ, ㄴ	28	ㄱ	29	ㄴ	30	ㄴ, ㄷ
31	ㄱ, ㄴ, ㄷ	32	ㄱ, ㄴ, ㄷ						

UNIT 5 - PART 1

문항번호	정 답	문항번호	정 답	문항번호	정 답	문항번호	정 답	문항번호	정 답
1	ㄱ, ㄴ	2	ㄱ	3	ㄱ, ㄴ, ㄷ	4	ㄴ, ㄷ	5	ㄴ, ㄹ, ㅂ
6	ㄱ, ㄷ	7	A, B, C	8	ㄱ, ㄴ	9	ㄱ	10	ㄱ, ㄴ, ㄷ
11	ㄴ	12	ㄱ, ㄴ, ㄷ	13	ㄱ, ㄴ, ㄷ	14	ㄱ, ㄷ	15	ㄴ, ㄷ
16	ㄱ, ㄹ	17	ㄱ, ㄴ	18	ㄱ, ㄷ	19	ㄱ, ㄴ, ㄷ	20	ㄴ, ㄷ
21	A	22	ㄴ	23	ㄷ	24	ㄴ, ㄷ	25	ㄴ
26	ㄴ, ㄷ	27	ㄴ	28	ㄱ, ㄴ, ㄷ				

- PART 2

문항번호	정 답	문항번호	정 답	문항번호	정 답	문항번호	정 답	문항번호	정 답
1	ㄴ, ㄷ	2	ㄱ, ㄷ	3	ㄴ	4	ㄱ	5	ㄱ, ㄷ
6	ㄴ	7	ㄱ, ㄷ	8	ㄴ, ㄷ	9	ㄱ, ㄷ	10	ㄴ
11	ㄱ, ㄴ, ㄷ	12	ㄴ, ㄷ	13	ㄷ	14	ㄱ	15	ㄴ, ㄷ
16	ㄱ	17	ㄱ, ㄴ	18	ㄱ	19	ㄴ	20	ㄴ
21	ㄱ, ㄷ	22	ㄱ, ㄷ	23	ㄷ				

memo

Unit

04

유전

01 해설

01 2014학년도 6월 평가원 16번

정답 : ㄴ

A와 C에서 세포 1개당 염색체 수가 2이므로, A와 C에서의 핵상은 $n = 2$이다.
A와 C에서의 핵 1개당 DNA 상대량을 비교했을 때,
C에서가 A에서의 2배이므로 A는 감수 2분열이 완료된,
C는 감수 1분열이 완료된 시기임을 알 수 있다.
B에서의 핵 1개당 DNA 상대량이 C에서의 2배이므로,
B는 S기를 거친 이후의 시기임을 알 수 있다.

ㄱ. 세포 1개당 $\dfrac{\text{염색분체 수}}{\text{염색체 수}}$ 는 B와 C에서 2로 같다. (X)

ㄴ. 그림은 감수 1분열이 완료된 이후 핵상이 $n = 2$인 세포의 모습이므로 C의 염색체이다. (O)

ㄷ. 감수 2분열이 완료된 세포는 S기를 거치지 않는다.
　　C의 세포가 분열하여 A의 세포가 나온 것이다. (X)

02 2014학년도 9월 평가원 5번

정답 : ㄱ

구간 I에는 G_1기의 세포가 있다.
집단 B에서 세포들의 세포당 DNA 양이 2 근처에 집중되어있으므로
물질 X에 의해서는 분열기(M기)에서의 과정이 억제된다.
→ ㄴ, ㄷ 오답

ㄱ. 집단 A에서 구간 I에 세포 수가 집중되어있으므로 집단 A의 세포는 G_2기보다 G_1기가 길다.
(O)

03 2015학년도 6월 평가원 5번

정답 : ㄷ

㉠은 G_1기, ㉡은 S기, ㉢은 G_2기이다.

ㄱ. 체세포 분열에서는 상동 염색체의 분리가 나타나지 않는다. (X)

ㄴ. 세포 분열에는 S기가 필수적이다. (X)

ㄷ. t일 때 세포 수 그래프의 기울기가 암세포가 정상 세포보다 더 크기 때문에,
　　t일 때 세포 증식 속도는 암세포가 정상 세포보다 빠르다. (O)

04 2016학년도 9월 평가원 9번

정답 : ㄱ

집단 B에서 세포가 세포당 DNA 양이 1과 2인 지점 사이에서만 관찰되는 것으로 보아
물질 X에 의해 단백질 Y의 기능이 저해된 집단 B에서는 S기에서 G_2기로의 전환이 억제된다.
구간 I에는 G_1기의 세포가, 구간 II에는 G_2기와 M기의 세포가 있다.
→ ㄷ 오답

ㄱ. 집단 A에서 구간 I의 세포 수가 가장 크기 때문에 세포 주기에서 G_1기가 G_2기보다 길다. (○)
ㄴ. 방추사는 M기에 나타나기 때문에 구간 I에서보다 구간 II에서가 많다. (X)

05 2016학년도 수능 3번

정답 : ㄴ

㉠은 G_1기, ㉡은 G_2기이다.

ㄱ. ㉡ 시기에서는 염색사가 염색체로 응축되지 않아 염색 분체를 관찰할 수 없다. (X)
ㄴ. ⓑ는 염색 분체가 분리된 상태이다. (○)
ㄷ. 세포 1개당 T의 수는 ⓐ가 ㉠ 시기의 세포의 2배이다. (X)

06 2017학년도 6월 평가원 4번

정답 : ㄱ

ㄱ. ⓐ는 ⓑ의 상동 염색체이다. (○)
ㄴ. 이 핵형 분석 결과를 통해서는 ABO식 혈액형의 유전자형을 알 수 없다. (X)
ㄷ. 이 핵형 분석 결과에서 관찰되는 상염색체의 염색 분체 수는 90개이다. (X)

07 2017학년도 6월 평가원 5번

정답 : ㄱ, ㄷ

A, C는 각각 G_1기, G_2기 중 하나이다. ㉠, ㉡에 상관없이 B는 S기이다.
세포당 DNA 양이 1인 곳에 세포들이 가장 많이 집중되어 있으므로 C는 G_1기가 되어야 한다.

∴ A=G_2기, B=S기, C=G_1기

ㄱ. 구간 I에는 M기에 해당하는, 즉 염색 분체의 분리가 일어나는 세포가 있다. (○)
ㄴ. G_1기에서 핵막은 소실되지 않는다. (X)
ㄷ. 세포 주기는 ㉠ 방향으로 진행된다. (○)

08 2017학년도 9월 평가원 13번

정답 : ㄴ

⊙은 S기, ⓛ은 G_2기, ⓒ은 M기이다.

(나)는 체세포 분열 과정 중 분열기(M기)의 후기에서 관찰된다.

→ ㄱ 오답

ㄴ. 체세포 분열 과정에서 핵상은 항상 동일하다. (○)

ㄷ. ⓐ와 ⓑ는 하나의 염색체에서 분리된 염색 분체이므로 부모 중 한 쪽에서 물려받은 것이다. (X)

09 2017학년도 수능 7번

정답 : ㄱ, ㄷ

⊙은 M기, ⓛ은 G_1기, ⓒ은 S기이다.

ㄱ. 핵막이 소실되고 형성되는 것은 분열기(M기)에서 나타난다. (○)

ㄴ. S기(ⓒ)에서는 염색체를 관찰할 수 없다. 염색체는 분열기(M기)에서 관찰할 수 있다. (X)

ㄷ. DNA의 기본 단위는 뉴클레오타이드이다. (○)

10 2018학년도 6월 평가원 5번

정답 : ㄱ, ㄷ

방추사 형성을 억제하는 물질을 처리하면 M기에서의 분열 과정이 억제된다.

따라서 집단 B에서는 세포당 DNA 양이 2인 지점에 세포들이 몰리게 된다.

집단 A에서 구간 I에는 S기의 세포들이 있고, 집단 B에서 구간 II에는 G_2기의 세포들이 있다.

ㄱ. S기에는 핵막이 존재한다. (○)

ㄴ. 집단 A에서 세포당 DNA 양이 1인 곳에 세포들이 집중되어 있으므로
G_1기의 세포 수가 더 많다. (X)

ㄷ. 구간 II에는 M기로 전환되지 못한 세포들이 있기 때문에 염색 분체가 분리되지 않은 상태이다.
(○)

11 2018학년도 9월 평가원 12번

정답 : ㄴ

ㄱ. 세포 1개당 R의 수는 M기의 세포 ⓑ가 I 시기의 세포의 2배이다. (X)

ㄴ. 체세포 분열에서 세포의 핵상은 항상 $2n$이다. (○)

ㄷ. 체세포 분열에서는 2가 염색체가 나타나지 않는다. (X)

12 2018학년도 수능 6번

정답 : ㄱ, ㄴ, ㄷ

구간 I에는 G_1기의 세포가, 구간 II에는 G_2기, M기의 세포가 있다.

→ ㄱ 정답

ㄴ. 구간 II에는 핵막을 가진 G_2기의 세포가 있다. (○))
ㄷ. 구간 II에는 염색 분체의 분리가 일어나는 M기의 세포가 있다. (○)

13 2019학년도 6월 평가원 7번

정답 : ㄴ

㉠은 G_2기, ㉡은 M기, ㉢은 G_1기이다.

ㄱ. 체세포 분열에서는 2가 염색체가 관찰되지 않는다. (X)
ㄴ. 염색사(ⓑ)가 염색체(ⓐ)로 응축되는 시기는 M기(㉡)이다. (○)
ㄷ. 핵 1개당 DNA 양은 G_2기(㉠) 세포가 G_1기(㉢) 세포의 2배이다. (X)

14 2019학년도 9월 평가원 12번

정답 : ㄱ, ㄴ, ㄷ

구간 I에는 S기의 세포가, 구간 II에는 G_2기와 M기의 세포가 있다.

→ ㄱ 정답

ㄴ. 구간 II에는 핵막이 소실된 M기의 세포가 있다. (○)
ㄷ. 세포당 DNA 양이 1인 곳에 세포들이 집중되어 있으므로 G_1기의 세포 수가 더 많다.

따라서 $\dfrac{G_1\text{기 세포 수}}{G_2\text{기 세포 수}}$의 값은 1보다 크다. (○)

15 2019학년도 수능 8번

정답 : ㄱ, ㄴ

구간 I에는 S기의 세포가, 구간 II에는 G_2기와 M기의 세포가 있다.
㉠시기는 M기의 후기에 해당한다.

→ ㄱ, ㄴ 정답

ㄷ. 이 동물의 특정 형질에 대한 유전자형이 Rr이고 체세포 분열에서의 핵상은 2n이므로
ⓐ에는 r이 있어야 한다. (X)

16 2020학년도 6월 평가원 5번

정답 : ㄱ

ㄱ. 하나의 염색체에서 분리된 염색 분체끼리는 대립유전자가 서로 같기 때문에 ⓐ에는 R가 있다. (○))

ㄴ. 구간 I은 S기이므로 2가 염색체가 관찰되지 않는다. (X)

ㄷ. 감수 분열에서 염색 분체의 분리는 감수 2분열에서 관찰된다. (X)

17 2020학년도 9월 평가원 12번

정답 : ㄴ

㉠은 S기, ㉡은 G_2기, ㉢은 M기이다.

ㄱ. S기에는 핵막이 소실되지 않는다. (X)

ㄴ. 세포 1개당 $\dfrac{G_2(㉡)시기의 DNA 양}{G_1기의 DNA 양}$의 값은 2이다. (○)

ㄷ. 체세포 분열에서는 2가 염색체가 관찰되지 않는다. (X)

18 2020학년도 수능 5번

정답 : ㄱ, ㄴ

구간 I에는 G_1기의 세포가, 구간 II에는 G_2기, M기의 세포가 있다.

ㄱ. 히스톤 단백질(ⓐ)은 모든 시기의 세포에 들어있다. (○))

ㄴ. 구간 II에는 염색사(ⓑ)가 염색체(ⓒ)로 응축되는 M기의 세포가 있다. (○)

ㄷ. 핵막을 갖는 세포의 수는 구간 I에서가 더 많다. (X)

19 2021학년도 6월 평가원 10번

정답 : ㄱ, ㄴ

㉠은 S기, ㉡은 G_2기, ㉢은 M기이다.

ㄱ. S기(㉠)에 DNA가 복제된다. (○)

ㄴ. G_2기(㉡)은 간기에 속한다. (○)

ㄷ. 체세포 분열에서는 상동 염색체의 접합이 일어나지 않는다. (X)

20 2021학년도 9월 평가원 13번

정답 : ㄱ, ㄴ

구간 I에는 G_1기의 세포가, 구간 II에는 G_2기, M기의 세포가 있다.

⊙ 시기는 분열기(M기)의 중기이다.

→ ㄴ 정답

ㄱ. 염색체에는 히스톤 단백질이 있다. (○)

ㄷ. G_1기의 세포 수는 구간 I에서 더 많다. (X)

21 2021학년도 수능 9번

정답 : ㄱ, ㄴ, ㄷ

구간 I에는 S기의 세포가, 구간 II에는 G_2기, M기의 세포가 있다.

ㄱ. S기의 체세포는 핵막을 갖는다. (○)

ㄴ. (나)에서 21번 염색체가 3개인 것으로 관찰되므로 A는 다운 증후군을 나타낸다. (○)

ㄷ. (나)와 같은 핵형 분석 결과는 M기에 관찰할 수 있다. (○)

22 2022학년도 6월 평가원 3번

정답 : ㄱ, ㄷ

⊙은 S기, ⓒ은 G_2기, ⓒ은 M기이다.

ㄱ. S기(⊙)에 DNA 복제가 일어난다. (○)

ㄴ. 동원체는 염색체에 있다. (X)

ㄷ. (나)는 분열기 중기의 모습으로 M기(ⓒ)에 관찰된다. (○)

23 2022학년도 9월 평가원 12번

정답 : ㄱ

핵막이 소실된 (나)는 M기에 해당한다.

G_1기와 G_2기에서는 핵막이 소실되지 않으므로 ⊙은 '소실 안 됨'이다.

DNA 상대량이 (다)가 (가)의 2배이므로 (가)는 G_1기, (다)는 G_2기에 해당한다.

→ ㄱ 정답, ㄴ 오답

ㄷ. 히스톤 단백질은 항상 존재한다. (X)

24 2022학년도 수능 3번

정답 : ㄱ

ⓐ는 분열기의 중기 세포이고, ⓑ는 분열기의 전기 세포이다.

ㄱ. I과 II 시기의 세포에는 모두 뉴클레오솜이 있다. (O)
ㄴ. 체세포 분열에서는 상동 염색체의 접합이 일어나지 않는다. (X)
ㄷ. 분열기의 전기 세포는 II 시기에 관찰된다. (X)

25 2023학년도 6월 평가원 4번

정답 : ㄴ

구간 I에는 DNA가 복제되기 전인 G_1기가 해당되며, 구간 II에는 G_2기와 분열기가 있다.

ㄱ. 2개의 염색 분체로 구성된 염색체는 분열기의 전기와 중기에 관찰되므로 구간 II에 있다. (X)
ㄴ. 구간 II에는 염색 분체가 분리되는 분열기 후기의 세포가 관찰되는 시기가 있다. (O)
ㄷ. ⓐ와 ⓑ는 하나의 DNA가 복제되어 응축된 염색체에서 분리된 동일한 염색 분체이고,
   부모에게서 각각 하나씩 물려받는 것은 상동 염색체의 특징이다. (X)

26 2023학년도 9월 평가원 6번

정답 : ㄴ, ㄷ

세포 주기는 간기와 분열기(M기)로 구분되며, 간기는 G_1기, S기, G_2기로 나뉜다.
S기에 DNA 복제가 일어나 DNA 양이 2배로 증가하므로,
(다)의 그림에서 세포당 DNA 양이 1인 세포는 G_1기 세포이고, DNA 양이 1과 2 사이인 세포는
DNA 복제 중인 S기 세포이며, DNA 양이 2인 세포는 G_2기 또는 분열기(M기) 세포이다.

ㄱ. (다)에서 S기 세포수는 A에서가 B에서보다 많고, G_1기 세포 수는 B에서가 A에서보다 많다.
   따라서 $\dfrac{\text{S기 세포 수}}{G_1\text{기 세포 수}}$ 는 A에서가 B에서보다 크다. (X)

ㄴ. 뉴클레오솜은 시기와 관계없이 항상 존재한다. (O)
ㄷ. 구간 II에는 G_2기 세포가 있으므로 핵막을 갖는 세포가 있다. (O)

27 2023학년도 수능 6번

정답 : ㄱ, ㄴ

S기는 (가)의 특징 중 '히스톤 단백질이 있다.', '핵에서 DNA 복제가 일어난다.'의 2가지 특징을 가지므로 ㉠은 S기이고, M기는 (가)의 특징 중 '핵막이 소실된다.', '히스톤 단백질이 있다.', '방추사가 동원체에 부착된다.'의 3가지 특징을 가지므로 ㉢은 M기이며, G$_1$과 G$_2$기는 (가)의 특징 중 '히스톤 단백질이 있다.'의 특징을 가지므로 나머지 ㉡과 ㉣은 G$_1$와 G$_2$기를 순서 없이 나타낸 것이다.

ㄱ. S기(㉠)에 핵에서 DNA 복제가 일어난다. (○)

ㄴ. M기(㉢) 중 체세포 분열 후기에 염색분체의 분리가 일어난다. (○)

ㄷ. 핵 1개당 DNA 양은 G$_1$기 세포에서가 G$_2$기 세포에서의 절반이다. 따라서 핵 1개당 DNA 양은 두 시기의 세포가 서로 다르다. (X)

01 2014학년도 수능 4번

정답 : ㄱ

세포 분석

	종	성
(가)	회색	XY
(나)	흰색	?

개체 분석

	성	종	세포
A	XY	회색	(가)
B	?	흰색	(나)

A의 생식세포에는 3개, B의 생식세포에는 4개의 염색체가 있다.

→ ㄷ 오답

ㄱ. ㉠은 X 염색체이므로 성염색체이다. (○)

ㄴ. ㉡은 ㉢의 상동 염색체가 아니다. (X)

02 2016학년도 9월 평가원 4번

정답 : ㄱ, ㄴ

세포 분석

	성
(가)	XX
(나)	XY

세포 (가)와 (나)의 핵상이 모두 n이므로 각각의 세포만 보고서는 성염색체를 찾을 수 없다.

(가)와 (나)를 비교해보면, 색깔은 검은색으로 같지만 크기가 다른 염색체가 존재한다.

따라서 검은색 염색체가 성염색체가 되고, 이때 Y 염색체를 가지는 B는 XY를 성염색체로 가지게 된다.

A와 B의 성이 다르므로 A는 암컷 개체이다.

개체 분석

	성	세포
A	XX	(가)
B	XY	(나)

ㄱ. ㉠은 X 염색체이므로 성염색체이다. (○)

ㄴ. A의 체세포 분열 중기의 세포 1개당 염색 분체 수는 20이다. (○)

ㄷ. (나)는 Y 염색체를 가지므로 자손이 태어날 때, 이 자손이 수컷일 확률은 1이다. (X)

03 2016학년도 수능 7번

정답 : ㄱ

세포 분석

	종	성
(가)	흰색	XX
(나)	회색	?
(다)	회색	XY
(라)	흰색	?
(마)	회색	XY

(다), (라), (마)는 B or C이므로 B인 (나)와 종이 다른 (라)는 C로 확정된다.
(다)와 (마) 역시 C인 (라)와 종이 다르므로 B로 확정된다.

개체 분석

	성	종	세포
A	XX	흰색	(가)
B	XY	회색	(나), (다), (마)
C	XY	흰색	(라)

ㄱ. (가)와 (라)는 같은 종의 세포이다. (○)
ㄴ. B와 C는 성이 수컷으로 같다. (X)
ㄷ. (라)는 C의 세포이다. (X)

2017학년도 6월 평가원 8번

정답 : ㄱ, ㄴ

세포 분석

	종	성
(가)	흰색①	XY
(나)	흰색①	?
(다)	흰색②	?
(라)	흰색①	XX

염색체의 구성을 비교했을 때 (다)는 개체 B의 세포인 (나)와 다른 종이므로 C의 세포이다.
자동으로 (라)는 B의 세포가 되고, (나)와 (라)의 비교를 통해 개체 B는 암컷임을 알 수 있다.

개체 분석

	성	종	세포
A	XY	흰색①	(가)
B	XX	흰색①	(나), (라)
C	?	흰색②	(다)

개체 C의 성별은 확정되지 않는다.

ㄱ. (가)와 (라)는 같은 종의 세포이다. (○)
ㄴ. X 염색체의 수는 (라)가 2개, (나)가 1개로, (라)가 (나)의 2배이다. (○)
ㄷ. B와 C는 종이 다르므로 핵형이 다르다. (X)

05 2017학년도 수능 4번

정답 : ㄱ

세포 분석

	종	성
(가)	흰색	?
(나)	회색	XX

(가)는 $n = 4$이고, (나)는 $2n = 4$이므로 (가)는 B의 세포, (나)는 A의 세포이다. 동물 B의 G_1기 체세포의 핵상은 $2n = 8$이 된다.

개체 분석

	성	종	세포
A	XX	회색	(나)
B	?	흰색	(가)

개체 B의 성별은 확정되지 않는다.

ㄱ. (가)의 핵상은 n이다. (○)

ㄴ. (나)는 A의 세포이다. (X)

ㄷ. B의 감수 1분열 중기에서 세포 1개당 염색 분체 수는 16이다. (X)

06 2018학년도 6월 평가원 4번

정답 : ㄴ

세포 분석

	종	성
(가)	흰색	?
(나)	검은색	XX
(다)	흰색	?

세포 (가)와 (다)의 핵상이 $n=6$ 이므로, 개체 B의 세포가 되어야 한다.
세포 (가)와 (다)는 각각 X 염색체(검은색)와 Y 염색체(검은색)를 가지므로 개체 B는 수컷이다.

개체 분석

	성	종	세포
A	XX	흰색	(나)
B	XY	검은색	(가), (다)

ㄱ. (가)는 B의 세포이다. (X)
ㄴ. B는 수컷이다. (O)
ㄷ. B의 감수 1분열 중기 세포 1개당 염색 분체 수는 24이다. (X)

07 2018학년도 수능 3번

정답 : ㄱ

【핵형 분석】유형에 대립유전자를 추가한 문제이다.

세포 분석

	성
(가)	XY
(나)	XX

(가)에 Y 염색체(진한 회색)가 존재하므로 (가)는 수컷 개체의 세포이다.
(가)의 핵상이 $n = 4$이므로, 동물 I과 II의 G_1기 체세포의 핵상은 $2n = 8$이 된다.

개체 분석

	성	세포
I	XY	(가)
II	XX	(나)

ㄱ. I과 II는 성이 다르다. (○)
ㄴ. 하나의 염색체에 대한 염색분체끼리의 대립유전자는 같으므로 ㉠은 A이다. (X)
ㄷ. II의 감수 1분열 중기 세포 1개당 2가 염색체의 수는 4이다. (X)

2019학년도 수능 5번

정답 : ㄴ

세포 분석

	성
(가)	XY
(나)	?
(다)	XX
(라)	XY

(가)와 (라)는 Y 염색체(검은색)를 가지므로 수컷 개체의 세포이고, (다)는 암컷 개체의 세포이다.
(가), (다), (라) 중 (다)만이 암컷 개체의 세포이므로 (다)는 I의 세포가 된다.

개체 분석

	성	세포
I	XX	(다)
II	XY	(가), (나), (라)

ㄱ. (가)의 핵상은 n이므로 이미 감수 분열이 일어난 뒤의 세포이다. (X)
ㄴ. (나)와 (라)의 핵상은 n으로 같다. (○)
ㄷ. (다)는 I의 세포이다. (X)

정답 : ㄱ

세포 분석

	성
(가)	?
(나)	?
(다)	XY
(라)	XX

(다)에는 대립유전자 b가 존재하므로 개체 II의 세포이다.

(다)의 성염색체(검은색) 구성이 XY이므로 개체 II는 수컷이지만, (라)는 XX이므로 개체 I의 세포이다.

(나)에 대립유전자 a가 존재하므로 (나) 역시 개체 I의 세포이다.

자동으로 (가)는 개체 II의 세포가 된다.

개체 분석

	성	세포
I	XX	(나), (라)
II	XY	(가), (다)

문제에서 개체의 유전자형을 제시해주었으므로 차근차근 세포와 개체를 Matching하면 된다.

ㄱ. ㉠은 B이다. (○)

ㄴ. (가)와 (다)의 핵상은 다르다. (X)

ㄷ. (라)는 I의 세포이다. (X)

10 2020학년도 수능 3번

정답 : ㄷ

세포 분석

	성
(가)	XX
(나)	XY
(다)	?

(가)와 (나)는 성별이 다르므로 다른 개체의 세포이고

(나)는 핵상이 $2n$인데, 대립유전자 A만 존재하므로 (다)와 같은 개체의 세포가 아니다.

따라서 (가)와 (다)가 II의 세포이고, (나)가 I의 세포이다.

(나)를 통해 이 동물의 G_1기 체세포의 핵상은 $2n = 8$임을 알 수 있다.

개체 분석

	성	세포
I	XY	(나)
II	XX	(가), (다)

ㄱ. ㉠은 a이다. (X)

ㄴ. (나)는 I의 세포이다. (X)

ㄷ. I의 감수 2분열 중기 세포 1개당 염색 분체 수는 8이다. (○)

11 2021학년도 6월 평가원 9번

정답 : ㄱ

세포 분석

	종	성
(가)	회색	XX
(나)	흰색	?

개체 분석

	성	종	세포
A	XX	회색	(가)
B	?	흰색	(나)

세포 (나)의 핵상이 $n=6$이므로 B의 G_1기 체세포의 핵상은 $2n=12$이고, 체세포 분열 중기의 세포 1개당 염색 분체 수는 24이다.

→ ㄷ 오답

ㄱ. (가)는 A의 세포이다. (○)

ㄴ. (가)와 (나)의 핵상은 다르다. (X)

정답 : ㄴ, ㄷ

문제에서 X 염색체를 제외한 나머지 염색체들만 제시되어 있다.
기존 유형과 마찬가지로 핵상이 $2n$인 세포로부터 정보를 얻어내면 된다.

세포 분석

	종	성
(가)	회색	?
(나)	흰색	?
(다)	회색	XY

세포 (다)의 경우, 핵상이 $2n$인데 염색체의 개수가 홀수이므로 X 염색체 1개가 제외되었음을 알 수 있다. 따라서 (다)는 수컷의 세포이다.
(가)와 (다)는 같은 개체의 세포이므로 A의 세포이고, (나)는 B의 세포가 된다.
이를 토대로 개체 분석을 하면 다음과 같다.

개체 분석

	성	종	세포
A	XY	회색	(가), (다)
B	XX	흰색	(나)

A와 B의 성이 다르기 때문에 (나)는 암컷 개체의 세포가 된다.
세포 (나)에는 문제에서 나타나지 않은 X 염색체가 1개 존재한다.
따라서 세포 (나)의 핵상은 $n = 4$가 되기 때문에 B의 체세포의 핵상은 $2n = 8$이고,
체세포 분열 중기의 세포 1개당 염색 분체 수는 16이다.
→ ㄷ 정답

ㄱ. (가)와 (다)의 핵상은 다르다. (X)
ㄴ. A는 수컷이다. (○)

13 2022학년도 수능 11번

정답 : ㄴ

세포 분석

	종	성
(가)	흰색	XX
(나)	회색	?
(다)	검은색	XY
(라)	회색	XY

'회색' 종의 세포 (나)와 (라)의 비교를 통해 서로 다른 모양의 상동 염색체 쌍을 확인할 수 있다. (라)에는 흰색의 Y 염색체가 존재한다는 것을 알 수 있다.

A의 세포는 2개이므로 '회색' 종만 될 수 있고, (나)와 (라)가 A의 세포에 해당한다. A는 수컷이다. A와 B의 성이 서로 다르므로 B는 암컷이다. (가)가 B의 세포에 해당하고, 나머지 (다)는 C의 세포에 해당한다. 이를 토대로 개체 분석을 하면 다음과 같다.

개체 분석

	성	종	세포
A	XY	회색	(나), (라)
B	XX	흰색	(가)
C	XY	검은색	(다)

ㄱ. (가)는 B의 세포이다. (X)

ㄴ. 회색 중에서 성염색체는 흰색이므로, 그림에서 ㉠은 상염색체이다. (○)

ㄷ. (다)의 성염색체는 2개, (나)의 염색 분체는 6개이므로 $\dfrac{(다)의\ 성염색체\ 수}{(나)의\ 염색\ 분체\ 수} = \dfrac{1}{3}$ 이다. (X)

정답 : ㄱ

세포 분석

	종	성
(가)	검은색	XX
(나)	회색	?
(다)	검은색	XY
(라)	회색	XY

'검은색' 종의 세포 (가)와 (다)의 비교를 통해 서로 다른 모양의 상동 염색체 쌍을 확인할 수 있다.
(다)에는 회색의 Y 염색체가 존재한다는 것을 알 수 있다.
마찬가지로 '회색' 종의 세포 (나)와 (라)의 비교를 통해서 (라)에 흰색의 Y 염색체가 존재한다는 것을
알 수 있다.

'검은색' 종의 세포 (가)와 (다)는 서로 성염색체 구성이 다르므로,
A와 B가 각 세포 중 하나씩을 가진다고 할 수 있다.
(나)와 (라)는 모두 C의 세포가 되는데, (라)에서 성염색체 구성이 XY이므로 C는 수컷이다.
A와 C의 성은 같으므로 (가)는 B의 세포, (다)는 A의 세포이다.

개체 분석

	성	종	세포
A	XY	검은색	(다)
B	XX	검은색	(가)
C	XY	회색	(나), (라)

ㄱ. (가)는 B의 세포이다. (○)

ㄴ. A와 C는 서로 다른 종이므로 (다)를 갖는 개체와 (라)를 갖는 개체의 핵형은 다르다. (X)

ㄷ. (라)의 핵상은 n, 염색체 수는 3이므로 C의 체세포의 핵상은 $2n$, 염색체 수는 6이다.
　　C의 감수 1분열 중기 세포 1개당 염색 분체 수는 12이다. (X)

명제 : 〈DNA 상대량에 관한 명제〉

(a) 어떤 유전자의 DNA 상대량은 해당 유전자가 존재하는 염색분체 수와 일치한다.

(b) 어떤 유전자의 DNA 상대량은 0, 1, 2, 4 중 하나이다.

(c) 어떤 유전자의 DNA 상대량이 4이면 세포의 핵상은 2n(복제)다.

(d) 어떤 유전자의 DNA 상대량이 2이면 세포의 핵상은 n(복제X)가 아니다.

(e) 어떤 유전자의 DNA 상대량이 1이면 세포의 핵상은 2n(복제X)이거나 n(복제X)이다.

(f) DNA 상대량이 4인 유전자의 대립유전자는 반드시 DNA 상대량이 0이다.

(g) DNA 상대량이 2인 유전자와 DNA 상대량이 1인 유전자는 대립유전자가 될 수 없다.

(h) 대립유전자 쌍의 DNA 상대량의 합이 다르면 (ex. A+a=2, B+b=1)
세포의 핵상은 2n 이고, 남자의 세포이며, 합이 적은 쪽은 성염색체에 존재하는 유전자이다.

명제 : 〈유전자의 유무에 관한 명제〉

(a) 대립유전자가 두 종류(ex. A와 a) 존재하면 세포의 핵상은 2n 이다.
→ 절반보다 많은 종류의 유전자가 존재하면 반드시 2n 세포이다.

(a') 세포의 핵상이 n 이면 → 대립유전자가 두 종류 존재할 수 없다.
→ 하나의 n 세포에 동시에 존재하는 두 유전자는 대립유전자 쌍이 아니다.

(b) 대립유전자가 하나도 존재하지 않으면 그 유전자는 상염색체에 존재하지 않는다.

명제 : 〈감수 분열에 관한 기본 전제〉

(a) 세포가 어떤 유전자를 갖지 않으면 그 이후에 분열한 세포도 그 유전자를 갖지 않는다.

(a') n 세포가 갖는 유전자는 반드시 2n 세포도 가진다.

2014학년도 수능 10번

정답 : ㄴ, ㄷ

세포	DNA 상대량	대립유전자
TYPE 1	숫자로 공개	공개

조건을 정리하면 개체의 유전자형은 Tt이고, @~ⓒ는 각각 세포 ㉡~㉣ 중 하나이다.

감수 1분열에서 DNA 상대량과 염색체 수가 반감되고,
감수 2분열에서는 DNA 상대량만 반감되므로
@=㉣, ⓑ=㉡, ⓒ=㉢이다.

ㄱ. 세포 1개에 있는 T의 수는 ㉠은 1이지만, ⓒ(=㉢)는 0 or 2이다. (X)

ㄴ. $\dfrac{핵\,1개당\,DNA\,양}{세포\,1개당\,염색체\,수}$ 은 ㉢과 ⓑ(=㉡)이 2로 같다. (O)

ㄷ. 감수 2분열 과정에서 염색 분체가 분리된다. (O)

2016학년도 6월 평가원 8번

정답 : ㄷ

세포	DNA 상대량	대립유전자
TYPE 1	숫자로 공개	공개

→ 〈DNA 상대량에 관한 명제〉를 사용하자.

조건을 정리하면 유전자형은 AaBb이고 연관 여부는 알 수 없으며, ㉢은 중기의 세포이다.

㉠에서 A, ㉡에서 B의 DNA 상대량이 각각 1이다.
〈DNA 상대량에 관한 명제〉-(e)에 의하여 ㉠과 ㉡의 핵상은 n(복제X)이다.

㉢에서 A의 DNA 상대량은 2, B의 DNA 상대량은 0이다.
〈DNA 상대량에 관한 명제〉-(d)에 의하여 ㉢의 핵상은 n(복제X)이 아니므로
가능한 핵상은 n(복제)뿐이다.

ㄱ. ㉠과 ㉡은 핵상이 n(복제X)이므로 감수 2분열 완료 시 생성된다. (X)
ㄴ. P에서 A와 B가 연관되어 있으면 세포 ㉠~㉢이 존재할 수 없다. (X)
ㄷ. 세포의 핵상은 ㉠과 ㉢에서 n으로 같다. (O)

정답 : ㄴ, ㄷ

세포	DNA 상대량	대립유전자
TYPE 2	숫자로 공개	공개

→ 〈DNA 상대량에 관한 명제〉, 〈유전자의 유무에 관한 명제〉를 사용하자.

조건을 정리하면 ㉠은 I의 세포이고 ㉡은 II의 세포이며, ㉢과 ㉣은 각각 I과 II의 세포 중 하나이다. A, a와 B, b는 서로 독립이다.

〈유전자의 유무에 관한 명제〉-(a)에 의하여 ㉠과 ㉡의 핵상은 $2n$이다.

〈DNA 상대량에 관한 명제〉-(h)에 의하여 A와 a는 X 염색체에, B와 b는 상염색체에 존재하고, I은 수컷이다.

대립유전자 A와 a를 모두 갖지 않으므로 ㉣의 핵상은 n이고, Y 염색체가 존재함을 알 수 있다. ㉣은 수컷인 I의 세포에 해당하고, ㉢은 암컷인 II의 세포에 해당한다.

〈DNA 상대량에 관한 명제〉-(d), (e)에 의해 ㉢은 핵상이 n(복제X)으로 감수 2분열 완료 시 생성되는 세포, ㉣은 핵상이 n(복제)으로 감수 2분열 중기 세포이다.

ㄱ. 그림은 ㉢의 염색체를 나타낸 것이다. (X)

ㄴ. ㉢은 II의 세포이다. (○)

ㄷ. ㉣에는 Y 염색체가 존재하므로,
㉣로부터 형성된 생식세포가 다른 생식세포와 수정되어 태어난 자손은 항상 수컷이다. (○))

정답 : ㄱ

세포	DNA 상대량	대립유전자
TYPE 1	숫자로 공개	공개

→ 〈DNA 상대량에 관한 명제〉를 사용하자.

조건을 정리하면 유전자형은 EEFfGg이고, 연관 여부는 알 수 없다.

DNA 상대량이 1과 2가 모두 존재하는 ㉠은 핵상이 $2n$(복제X)이므로 I이다.
〈DNA 상대량에 관한 명제〉-(d)에 의해 ㉣은 III과 IV가 아니므로 II이다.

㉣(=II)가 g를 가지므로 III, IV의 g의 DNA 상대량은 각각 1, 0이다.
따라서 ㉡=III, ㉢=IV이고, ⓐ=1, ⓑ=0, ⓒ=0, ⓓ=0이 된다.

문제에서 제시된 표를 다시 작성해보면 아래와 같다.

세포	DNA 상대량		
	E	f	g
㉠	2	ⓐ=1	1
㉡	1	ⓑ=0	1
㉢	1	1	ⓒ=0
㉣	2	ⓓ=0	2

ㄱ. ㉡은 III이다. (○)

ㄴ. ⓐ+ⓑ=1, ⓒ+ⓓ=0이다. (X)

ㄷ. 세포 1개당 $\dfrac{\text{E의 DNA 상대량}}{\text{F의 DNA 상대량} + \text{G의 DNA 상대량}}$ 은 ㉠(=I)과 IV 모두 1이다. (X)

정답 : ㄴ

세포	DNA 상대량	대립유전자
TYPE 2	숫자로 공개	공개

→ 〈DNA 상대량에 관한 명제〉, 〈유전자의 유무에 관한 명제〉를 사용하자.

조건을 정리하면 (가)~(라) 중 2개는 암컷 I의 세포이고, 나머지 2개는 수컷 II의 세포이다.
연관 여부와 각 개체의 유전자형은 알 수 없다.

〈유전자의 유무에 관한 명제〉-(a), 〈DNA 상대량에 관한 명제〉-(e)에 의해
(나), (라)의 핵상은 $2n$(복제X)이다.

(나)에서 〈DNA 상대량에 관한 명제〉-(h)에 의하여
D와 d는 성염색체에, E와 e는 상염색체에 존재함을 알 수 있다.
또한 (나)는 수컷 II의 세포, (라)는 암컷 I의 세포이다.

〈유전자의 유무에 관한 명제〉-(b)에 의해 (다)에서 F와 f의 DNA 상대량이 모두 0이므로
F와 f는 성염색체에 존재한다.

F와 f가 Y 염색체에 존재한다면 (라)는 2개의 Y 염색체를 가져야 하므로 모순이다.
따라서 F와 f는 X 염색체에 존재하고, (다)는 핵상이 n(복제X)으로 수컷 II의 세포이다.
문제 조건에 따라서 (가)는 I의 세포로 결정된다.

(다)에 F와 f가 존재하지 않으므로 Y 염색체를 가진다는 것을 알 수 있다.

암컷 개체의 세포인 (가)에 대립유전자 D가 존재하므로 D와 d도 X 염색체에 존재한다.
따라서 Y 염색체를 가지고 핵상이 n(복제X)인 (다)에서 D와 d의 DNA 상대량은 각각 0임을 알 수 있고 (나)와 (라)에서 형질 ⓐ에 대한 I의 유전자형은 DDEeFf가 되고, II의 유전자형은 DYEefY가 된다.
∴ ⓛ=0, ⓒ=2

〈DNA 상대량에 관한 명제〉-(d)에 의하여 (가)의 핵상은 n(복제X)이 아닌데,
(가)에 D는 존재하지만 e가 존재하지 않으므로 핵상이 n(복제)임을 알 수 있다.
따라서 (가)에서 E의 DNA 상대량이 2가 되어야 한다.
∴ ⓐ=2

ㄱ. ⓐ+ⓛ+ⓒ=4이다. (X)
ㄴ. I의 형질 ⓐ에 대한 유전자형은 DDEeFf이다. (O)
ㄷ. II에서 D와 f는 X 염색체에 연관되어 있다. (X)

정답 : ㄱ

세포	DNA 상대량	대립유전자
TYPE 1	숫자로 공개	공개

→ 〈DNA 상대량에 관한 명제〉를 사용하자.

조건을 정리하면 동물의 유전자형과 연관 여부를 알 수 없고 ⓐ~ⓓ는 ㉠~㉣을 순서 없이 나타낸 것이다.

〈DNA 상대량에 관한 명제〉–(d)에 의하여 ⓐ의 핵상은 n(복제X)이 아니고,
〈감수분열에 관한 기본 전제〉–(a)에 따라 ⓐ의 핵상이 $2n$(복제X)과 $2n$(복제)이 될 수 없다.
따라서 ⓐ는 ㉢이다.

〈DNA 상대량에 관한 명제〉–(d)에 의하여 ⓑ는 ㉣이 아니므로 ㉠, ㉡ 중 하나이다.
ⓑ가 ㉠이라면, 이 개체의 유전자형은 HHtt이 되므로, ⓐ에서 t의 DNA 상대량이 0일 수 없다.
∴ ⓑ=㉡

ⓓ가 ㉣이라면, ⓑ(=㉡)에서 H의 DNA 상대량은 4가 되어야 하므로 모순이다.
따라서 남은 세포들을 Matching 해보면 ⓓ는 ㉠이고, ⓒ는 ㉣이다.

ㄱ. ㉡은 ⓑ이다. (○)
ㄴ. 세포의 핵상은 ㉢이 n, ⓓ가 $2n$이다. (X)
ㄷ. ㉢는 H를 갖지 않으므로 DNA 상대량은 0이다. (X)

정답 : ㄷ

세포	DNA 상대량	대립유전자
TYPE 1	숫자로 공개	공개

→ 〈DNA 상대량에 관한 명제〉를 사용하자.

조건을 정리하면 개체의 유전자형은 EeFFHh이고, 대립유전자 간 연관 여부는 알 수 없다.

DNA 상대량이 1과 2가 모두 존재하므로 ⓒ의 핵상은 $2n$(복제X)로 I 이고,
〈DNA 상대량에 관한 명제〉-(e)에 의해 ㉠의 핵상은 n(복제X)이 되어 IV 이다.

〈감수 분열에 관한 기본 전제〉-(a)에 의해 h를 가지지 않는 ㉢의 핵상은 $2n$(복제)일 수 없다.
따라서 ㉢은 III이고 ㉣은 II이다.

개체의 유전자형은 EeFFHh이므로 ⓒ에서 ⓑ=1이고, ㉣에서 ⓓ=2이다.
대립유전자 E와 e는 감수 1분열에서 다른 세포로 나눠 들어가는데,
㉢(=III)의 e에 대한 DNA 상대량이 2이므로, 반대편 세포인 ㉠에서 ⓐ=0이다.
개체는 F를 동형 접합성으로 가지므로, ⓒ=2이다.

IV의 유전자형은 EFh이다.

ㄱ. ㉣은 II이다. (X)
ㄴ. ⓐ + ⓑ + ⓒ + ⓓ = 5이다. (X)
ㄷ. IV에서 세포 1개당 $\dfrac{\text{F의 DNA 상대량}}{\text{E의 DNA 상대량} + \text{H의 DNA 상대량}}$ 은 1이다. (○)

정답 : ㄴ

세포	DNA 상대량	대립유전자
TYPE 2	유무만 공개	비공개

→ 〈유전자의 유무에 관한 명제〉를 사용하여 핵상을 찾고 대립유전자 쌍을 Matching 하자.

〈유전자의 유무에 관한 명제〉 -(a)를 통해 (가), (라)가 $2n$ 세포임을 알 수 있다. 나머지 세포들은 $2n$ 세포의 일부 유전자만 가지므로 n 세포이다.

(나)에서 ㉠, ㉡를 가지므로 ㉠, ㉡은 대립유전자 쌍이 아니다.
(다)에서 ㉠, ㉢를 가지므로 ㉠, ㉢은 대립유전자 쌍이 아니다.
(바)에서 ㉡, ㉣를 가지므로 ㉡, ㉣은 대립유전자 쌍이 아니다.
대립유전자 쌍은 ㉠&㉣, ㉡&㉢이다.

II는 ㉠,㉣을 가지고 ㉡&㉢에 대해서는 ㉡만 갖는다.
세포 (마)는 ㉡과 ㉢을 모두 갖지 않는다.

〈유전자의 유무에 관한 명제〉 - (b)에서 ㉡과 ㉢을 모두 갖지 않는 상황은 다음과 같은 경우이다.
II가 수컷 : 세포의 핵상이 n이고 대립유전자가 성염색체에 존재한다.
II가 암컷 : 대립유전자가 Y 염색체에 존재한다.

이때 대립유전자가 Y 염색체에 존재하면, I의 (가)에서 ㉡과 ㉢을 모두 가지므로 모순이다.
(Y 염색체를 두 개 가지는 것은 불가능하기 때문이다.)

따라서 II는 수컷, ㉡&㉢은 X 염색체에 존재한다. 문제의 F와 f에 해당한다.
㉠&㉣은 각각 E와 e 중 하나이다. 구체적으로 Matching 되지는 않는다.
I은 ㉡과 ㉢을 모두 가지므로 암컷이다.

ㄱ. ㉠은 ㉣의 대립유전자이다. (X)
ㄴ. (라)는 수컷의 $2n$ 세포이므로 Y 염색체가 있다. (○)
ㄷ. I은 ㉠을 동형 접합성으로 가지고 ㉡과 ㉢을 모두 가진다.
    E와 e에 대해서는 동형 접합성, F와 f에 대해서는 이형 접합성으로 가져야 한다.
    ⓐ에 대한 유전자형은 EeFF가 될 수 없다. (X)

정답 : ㄱ

세포	DNA 상대량	대립유전자
TYPE 2	숫자로 공개	공개

→ 〈DNA 상대량에 관한 명제〉를 사용하자.

조건을 정리하면 개체 I의 유전자형은 HhTT이고, (가)~(다)는 I의 세포, (라)는 II의 세포이다. 대립유전자 간 연관 여부는 알 수 없다.

문제에서 제시한 유전자형을 통해 (나)가 A임을 확정지을 수 있다.
〈DNA 상대량에 관한 명제〉-(d)에 의하여
핵상이 n(복제X)인 세포는 DNA 상대량이 2 이상일 수 없으므로, (다)는 B이다.

(다)로부터 형성된 난자가 수정되어 태어난 개체의 세포가 (라)이므로,
H를 가지는 (다)에 의해 (라)도 H를 가져야 한다. 따라서 (라)는 C이고, (가)는 D이다.

C에서 핵상이 $2n$(복제)임에도 T와 t의 DNA 상대량 합이 2이므로
T와 t는 X 염색체 위에 존재한다.
II는 정자 @로부터 Y 염색체를 받았으므로 수컷 개체임을 알 수 있다.

I의 유전자형에서 H, h, T의 DNA 상대량은 1 : 1 : 2이어야 하므로 ㉠은 2이다.

〈감수분열에 관한 기본 전제〉-(a)와 핵상이 n(복제X)라는 사실에 의하여 ㉡은 1이다.
㉢은 (다)에 의해 H를 가지므로 2이다.

문제에서 제시된 표는 아래와 같이 채울 수 있다.

세포	DNA 상대량			
	H	h	T	t
A =(나)	2	㉠=2	?(4)	0
B=(다)	1	?(0)	㉡=1	?(0)
C=(라)	㉢=2	2	2	0
D=(가)	0	2	2	0

ㄱ. ㉠+㉡+㉢ = 5이다. (○)

ㄴ. C는 (라)이다. (X)

ㄷ. 정자 @는 X 염색체를 가지지 않으므로 T를 갖지 않는다. (X)

10

정답 : ㄴ

세포	DNA 상대량	대립유전자
TYPE 2	숫자로 공개	공개

→ 〈DNA 상대량에 관한 명제〉, 〈유전자의 유무에 관한 명제〉를 사용하자.

조건을 정리하면 (가)~(다) 중 두 형질은 성염색체에, 나머지 한 형질은 상염색체에 존재한다.
성염색체에 존재하는 두 대립유전자 쌍은 연관일 수도 있고 독립일 수도 있다.

〈유전자의 유무에 관한 명제〉-(a)에 의하여 ⊙은 E와 e를 모두 가지므로 핵상은 $2n$(복제X)이고,
이 사람의 유전 형질 (가), (나), (다)의 유전자형은 $EeF[?]G[?]$이다.
이때, ⓒ, ⓒ은 E와 e 둘 중 하나만 가지므로 핵상이 각각 n(복제), n(복제X)이다.

〈DNA 상대량에 관한 명제〉-(h)에 의하여 이 사람은 남자이고 ⊙에서 대립유전자 E와 e는 상염색체
위에, 나머지 두 대립유전자는 성염색체에 존재함을 알 수 있다.

(나)와 (다)를 결정하는 대립유전자가 같은 성염색체에 존재한다면,
핵상이 n인 ⓒ과 ⓒ에서 대립유전자 F와 G가 같이 존재해야 하거나 존재해선 안 된다.
따라서 (나)와 (다)를 결정하는 대립유전자는 서로 다른 성염색체 위에 존재한다.

이 사람의 유전 형질 (가), (나), (다)의 유전자형은 EeX^FY^G or EeX^GY^F이다.

ㄱ. ⊙에서 F와 G는 서로 다른 성염색체 위에 존재한다. (X)
ㄴ. ⓒ, ⓒ은 핵상이 n으로 같다. (○)
ㄷ. 이 사람의 성염색체는 XY이다. (X)

정답 : ㄴ, ㄷ

세포	DNA 상대량	대립유전자
TYPE 2	유무만 공개	비공개

→ 〈유전자의 유무에 관한 명제〉를 사용하자.

대립유전자 쌍을 알려주지 않았으므로 Case C에서 언급한 사고 순서를 따라가 보자.

(1) 핵상 분석

〈감수 분열에 관한 기본 전제〉-(a')에서 (다)는 유전자 ㄹ을 가지지만,
(라)는 ㄹ을 가지지 않으므로 (라)의 핵상은 2n이 아니다.
마찬가지로, (라)는 유전자 ㄷ을 가지지만, (다)는 ㄷ을 가지지 않으므로 (다)의 핵상 역시 n이다.
같은 논리를 적용하면, (가)의 핵상 역시 n임을 알 수 있다.

〈유전자의 유무에 관한 명제〉-(a)에 의해 (나)는 절반보다 많은 종류의 대립유전자를 가지므로
핵상이 2n이다.

(2) 대립유전자 쌍 분석

〈유전자의 유무에 관한 명제〉-(a')에 의해 핵상이 n인 (가)에서 ㄷ, ㄹ은 대립유전자 쌍이 아니다.
같은 논리로 (라)에서 ㄴ, ㄷ이 대립유전자 쌍일 수 없다.
따라서 ㄱ은 ㄷ과, ㄴ은 ㄹ과 대립유전자 쌍을 이룬다.

(3) 개체 분석

Y 염색체 위에 H, h와 T, t 중 적어도 한 쌍이 존재한다면,
B의 개체인 암컷이 가질 수 있는 대립유전자는 Y 염색체 위에 존재하지 않는 대립유전자 2종류가
최대이다.
그러나 표에서 I, II는 적어도 세 종류의 대립유전자를 가지므로 이에 모순이다.
따라서 Y 염색체 위에는 H, h와 T, t가 존재하지 않는다.

〈유전자의 유무에 관한 명제〉-(b)에 의해 (다)에서 대립유전자 ㄱ과 ㄷ이 모두 존재하지 않으므로,
대립유전자 ㄱ과 ㄷ은 X 염색체에 존재하고 II는 수컷이다.

ㄱ. ㄱ은 ㄷ과 대립유전자이다. (X)
ㄴ. A는 수컷 개체의 세포이므로 II의 세포이다. (○)
ㄷ. ㄷ은 X 염색체에 존재하는데 (라)는 ㄷ을 가지므로 X 염색체를 가진다. (○))

12 2020학년도 6월 평가원 16번

정답 : ㄱ

세포	DNA 상대량	대립유전자
TYPE 1	숫자로 공개	공개

→ 〈DNA 상대량에 관한 명제〉를 사용하자.

조건을 정리하면 세 대립유전자는 모두 다른 상염색체에 존재하고, II는 중기의 세포이다.

〈감수 분열에 관한 기본 전제〉-(a)에서 ⓛ이 I이라고 가정하면,
이 사람은 대립유전자 E를 갖지 않아야 하므로 ㉠과 ㉢에서 모순이다.
따라서 〈DNA 상대량에 관한 명제〉-(e)에 의하여 ⓛ은 III이고 ㉢은 I이다.
자동으로 ㉠은 II가 된다.

I의 ⓐ에 대한 유전자형은 EeFFGg이고,
II과 III의 ⓐ에 대한 유전자형은 각각 EFg, eFG이다.

ㄱ. I에서 세포 1개당 $\dfrac{\text{E의 DNA 상대량 + G의 DNA 상대량}}{\text{F의 DNA 상대량}}$ 은 1이다. (O)

ㄴ. II의 염색 분체 수는 46이다. (X)

ㄷ. III는 ⓛ이다. (X)

13 2020학년도 9월 평가원 3번

정답 : ㄱ, ㄷ

세포	DNA 상대량	대립유전자
TYPE 2	숫자로 공개	공개

→ 〈유전자의 유무에 관한 명제〉를 사용하자.

〈유전자의 유무에 관한 명제〉-(a)에서
㉠과 ⓛ은 각각 대립유전자 T와 t, H와 h를 모두 가지므로 핵상이 $2n$이다.
㉢, ㉣의 핵상은 $2n$이 아니므로 ㉢의 핵상은 n(복제)이고, ㉣의 핵상은 n(복제X)이다.

㉠→ⓛ 과정에서 DNA 복제에 의해 DNA 상대량이 모두 2배가 되므로 ⓐ는 2이고
㉣의 핵상은 n이므로 ⓑ는 0이다.

ㄱ. P의 핵상은 n(복제)이므로 ㉢이다. (O)

ㄴ. ⓐ는 2이고, ⓑ는 0이다. (X)

ㄷ. I의 핵상은 $2n = 6$이므로 감수 1분열 중기 세포 1개당 염색 분체 수는 12이다. (O)

14 2020학년도 수능 7번

정답 : ㄴ

세포	DNA 상대량	대립유전자
TYPE 2	숫자+유무	비공개

→ 〈DNA 상대량에 관한 명제〉를 사용하자.

〈DNA 상대량에 관한 명제〉-(c)에서 (가)는 2n(복제)이고, 이 사람의 유전자형은 HHTt이다.
(나)와 (다)의 핵상은 2n이 아니므로 〈DNA 상대량에 관한 명제〉-(d)에 의해 n(복제)이다.

(가)에서 ㉢이 존재하지 않으므로 ㉢은 h이고, (다)가 ㉡을 가지므로 ㉡은 t이다.

ㄱ. ㉡은 t이다. (X)
ㄴ. (나)와 (다)의 핵상은 n으로 같다. (O)
ㄷ. 이 사람의 ⓐ에 대한 유전자형은 HHTt이다. (X)

문제에서 '난자 형성 과정'을 언급했으므로 이 사람은 **여자**이다.
여자의 성염색체는 XX기에 유전자형을 (가)에서 유전자형을 HHTt로 확정할 수 있었다.
여자로 결정되지 않았다면 (가)에서 HHtY처럼 Case가 확정되지 않는다.

여자라는 조건이 없어도 문제를 풀 수는 있지만, 훨씬 긴 풀이를 하게 되니 **문제를 잘 읽고 넘어가자.**

15 2021학년도 9월 평가원 18번

정답 : ㄱ, ㄴ, ㄷ

세포	DNA 상대량	대립유전자
TYPE 1	숫자로 공개	공개

→ 〈DNA 상대량에 관한 명제〉를 사용하자.

〈DNA 상대량에 관한 명제〉-(c)에 의하여 A와 a의 DNA 상대량의 합이 4인 경우는 2n(복제)뿐이다.
따라서 ⓔ은 핵상이 2n(복제)이고, II이다.

세포 ㉠의 상염색체 수가 ㉡의 상염색체 수의 두 배이므로 ㉠의 핵상은 2n이고, ㉡의 핵상은 n이다.
〈DNA 상대량에 관한 명제〉-(d)에 의하여 ㉡은 III이 되고, ㉢은 IV이다.
ⓐ는 4, ⓑ는 1이다.

ㄱ. ㉠은 I이다. (O)
ㄴ. ⓐ + ⓑ = 5이다. (O)
ㄷ. II의 핵상은 2n = 10이므로, 2가 염색체 수는 5이다. (O)

2022학년도 6월 평가원 16번

정답 : ㄴ

세포	DNA 상대량	대립유전자
TYPE 1	유무로 공개	비공개

→ 〈유전자의 유무에 관한 명제〉를 사용하자.

조건을 정리하면 H, h와 T, t는 서로 다른 염색체에 존재하고,
㉠~㉣는 각각 H, h, T, t 중 하나이다.
(가)~(다)는 중기의 세포이고, 2개는 세포 I으로 부터, 나머지 1개는 세포 II로 부터 형성되었다.

(가), (나), (다)는 중기의 세포이므로, 핵상은 $2n$(복제) or n(복제)이다.
〈유전자의 유무에 관한 명제〉-(a)에 의하여
사람 P의 $2n$(복제) 세포는 대립유전자 ㉠, ㉡, ㉣를 모두 가지고 있으므로,
(가), (나), (다)는 n(복제)이다.

세포 (나), (다)의 핵상이 n(복제)이므로 ㉠, ㉡은 ㉣과 대립유전자 쌍이 아니다.
따라서 ㉠은 ㉡과, ㉢은 ㉣과 대립유전자 쌍을 이룬다.

〈유전자의 유무에 관한 명제〉-(b)에서 (가)의 ㉢과 ㉣이 모두 존재하지 않으므로
㉢, ㉣은 성염색체에 존재한다.

사람 P가 여자이고 ㉢과 ㉣이 Y 염색체 위에 존재한다면,
대립유전자 ㉢과 ㉣을 가질 수 없으므로 모순이다.
㉢과 ㉣이 X 염색체 위에 존재한다면, (가)에서 ㉢과 ㉣을 가지지 않는 것이 모순이다.
따라서 사람 P는 남자이고 유전 형질 ⓐ에 대한 유전자형은 ㉠㉡ $X^{㉣}Y$ or ㉠㉡ $XY^{㉣}$이다.

이때 (가)와 (나)는 ㉡을, (나)와 (다)는 ㉣을 같이 가지므로 같은 G_1기 세포로부터 형성될 수 없다.
(가), (다)가 I으로부터 형성된 세포이고, (나)가 II로부터 형성된 세포이다.

ㄱ. 사람 P는 대립유전자 ㉢을 가지지 않는다. (X)
ㄴ. (가)와 (다)의 핵상은 n으로 같다. (○)
ㄷ. I으로부터 (가)와 (다)가 생성되었고, II로부터 (나)가 생성되었다. (X)

17 2022학년도 6월 평가원 19번

정답 : ㄴ

세포	DNA 상대량	대립유전자
TYPE 2	숫자로 공개	비공개

→ 〈DNA 상대량에 관한 명제〉를 사용하자.

조건을 정리하면 ㉠, ㉡, ㉢, ㉣은 각각 A, a, B, b 중 하나이다.
I과 II의 유전자형은 각각 AaBb와 Aabb 중 하나이다.
(가)는 I의 세포로 핵상은 $2n$(복제)이고, (나)는 II의 세포로 핵상은 n(복제X)이다.

〈DNA 상대량에 관한 명제〉-(b)에서 2개의 DNA 상대량을 더한 값이 6이 되기 위해선
2+4일 수밖에 없다.
만약 (가)에서 ㉠의 DNA 상대량이 4라면, ㉡의 DNA 상대량은 2, ㉢의 DNA 상대량은 4가 된다.
〈DNA 상대량에 관한 명제〉-(f)에 의해 4인 유전자의 대립유전자는 항상 0이므로 모순이다.

따라서 (가)에서 DNA 상대량을 표로 나타내면 다음과 같다.

㉠	㉡	㉢	㉣
2	4	2	0

〈DNA 상대량에 관한 명제〉-(f)에 의하여 ㉡과 ㉣는 서로 대립유전자이고,
(가)는 대립유전자 ㉡을 동형 접합성으로 가지므로 유전자형이 Aabb임을 알 수 있다.
자동으로 (나)의 유전자형은 AaBb가 된다.

이를 바탕으로 ㉠, ㉡, ㉢, ㉣와 A, a, B, b를 각각 Matching해 보면 ㉡=b, ㉣=B이고,
㉠, ㉢은 각각 A, a 중 하나이다.

〈DNA 상대량에 관한 명제〉-(e)에서 n(복제X)인 (나)의 ㉢+㉣이 '2이므로
㉢, ㉣의 DNA 상대량은 모두 1이다.
그림에서 (나)에는 대립유전자 A가 존재하므로 ㉢은 A, a 중 A이다.
지금까지 나온 정보를 토대로 ⓐ와 ⓑ를 구하면 ⓐ=4, ⓑ=1이다.

ㄱ. I의 유전자형은 Aabb이다. (X)
ㄴ. ⓐ + ⓑ = 5이다. (○)
ㄷ. (나)에는 b가 존재하지 않는다. (X)

문제에서 쓰인 논리는 아니지만, 문제에서 제시된 동물 종의 핵상은 $2n = 4$이고,
대립유전자 A, a와 B, b는 서로 다른 염색체에 존재하므로 둘 중 하나는 성염색체에 존재해야 한다.

정답 : ㄱ, ㄴ

세포	DNA 상대량	대립유전자
TYPE 2	숫자로 공개	공개

→ 〈DNA 상대량에 관한 명제〉를 사용하자.

조건을 정리하면 I~IV 중 2개는 남자 P의, 나머지 2개는 여자 Q의 세포이고,
㉠~㉢은 0, 1, 2를 순서 없이 나타낸 것이다. H와 h는 상염색체에, T와 t는 X 염색체에 존재한다.

〈DNA 상대량에 관한 명제〉 - (c)에 의하여, IV는 $2n$(복제) 세포임을 알 수 있다. $2n$(복제) 세포에는
홀수가 존재할 수 없으므로 ㉠은 2 or 0이다.

〈DNA 상대량에 관한 명제〉 - (d), (e)에 의하여, III은 ㉠~㉢,
즉 2, 1, 0이 모두 존재하므로 $2n$(복제X) 세포임을 알 수 있다.

〈DNA 상대량에 관한 명제〉 - (g)에 의하여, ㉠과 ㉡이 각각 2거나 1일 수 없으므로 ㉢은 0이 아니다.

만약 ㉠이 2라면, 〈DNA 상대량에 관한 명제〉를 통해 내린 결론과 같이 ㉡이 0, ㉢이 1이 된다.
이 경우 IV가 T와 t를 모두 가지므로 IV는 X 염색체를 두 개 가진다. IV는 여자 Q의 세포이다.
III이 T를 동형 접합성으로 가지므로 III도 X 염색체를 두 개 가지는 여자의 세포인데,
IV와 유전자형이 다르므로 모순이다. 여자는 Q 한 명이다.

㉠이 2가 될 수 없으므로 ㉠은 0이고, IV는 남자의 세포가 된다.
㉠이 0이면 III에서 T를 가지지 않게 되므로 IV와 III은 다른 개체의 세포가 된다.
III은 여자의 세포이고, X 염색체를 두 개 가지므로 t를 2만큼 갖는다. ㉡은 2가 된다.

이를 바탕으로 표를 채워보면 다음과 같다.

세포	DNA 상대량			
	H	h	T	t
I(P)	1	0	0	0
II(Q)	2	0	0	2
III(Q)	1	1	0	2
IV(P)	4	0	2	0

ㄱ. ㉡은 2이다. (○)
ㄴ. II는 Q의 세포이다. (○)
ㄷ. I이 갖는 t의 DNA 상대량은 0이다. III이 갖는 H의 DNA 상대량은 1이므로 같지 않다. (X)

19 2022학년도 수능 7번

정답 : ㄴ

세포	DNA 상대량	대립유전자
TYPE 2	숫자+유무	공개

→ 〈DNA 상대량에 관한 명제〉를 사용하자.

조건을 정리하면 H, h와 R, r는 서로 다른 상염색체에 존재하고,
㉠~㉢는 염색체 ⓐ~ⓒ를 순서 없이 나타낸 것이다.

유전자와 달리, 상염색체는 하나라도 존재하지 않으면 세포의 핵상은 n이다.
세포 I, III, IV에서 각각 염색체 ㉠, ㉡, ㉢이 존재하지 않으므로 핵상이 n이다.

〈DNA 상대량에 관한 명제〉-(d)에 의해 세포 III와 IV는 n(복제)이다.

핵상이 n인 세포는 상동 염색체를 둘 중 하나만 가진다.
따라서 세포 III에서 ㉠과 ㉢은 상동 염색체가 아니고,
세포 IV에서 ㉠과 ㉡은 상동 염색체가 아니므로 ㉡과 ㉢이 7번 염색체가 되어 상동 염색체이다.

따라서 ㉠은 ⓒ이고, ㉡, ㉢을 모두 가지는 세포 II의 핵상은 $2n$이다.

세포 II에서 r의 DNA 상대량이 1이므로 이 사람의 대립유전자 R, r에 대한 유전자형은 Rr이다.
염색체 ㉠이 r를 포함하고 있다고 가정하면,
세포 I에서 r의 DNA 상대량이 1임에도 염색체 ㉠이 존재하지 않는 것이 되어 모순이 발생한다.
마찬가지로 염색체 ㉢이 r을 포함하고 있다고 가정하면, 세포 IV에서 모순이 발생한다.
㉡ 염색체에 r을 가지고 있고, 개체의 유전자형이 Rr이므로 상동 염색체인 ㉢는 R을 가진다.

III는 ㉠을 가지는데 H의 DNA 상대량이 0이 아니므로 ㉠은 H를 가진다.

따라서 염색체와 유전자를 Matching 해보면 다음 표와 같다.

염색체 ㉠	염색체 ㉡	염색체 ㉢
H	r	R

세포 I은 염색체 ㉠을 가지고 있지 않음에도 H의 DNA 상대량이 1이다.
따라서 ⓒ가 아닌 8번 염색체도 H를 가져야 하므로,
이 사람의 형질 (가)에 대한 유전자형은 HHRr이다.

ㄱ. I의 핵상은 n이지만, II의 핵상은 $2n$이므로 서로 다르다. (X)
ㄴ. ㉡과 ㉢은 모두 7번 염색체이다. (O)
ㄷ. 이 사람의 형질 (가)에 대한 유전자형은 HHRr이다. (X)

20 2023년 10월 교육청 16번

정답 : ㄱ

이 사람은 E, e를 가진다. E를 안 갖는 I은 핵상이 n인 세포이다. ⓒ은 F+g 값이 3인데, 1+2로 분할하면 이 세포는 1과 2를 모두 갖는 세포이므로 핵상이 $2n$(복제 X)인 세포이다. ⓐ, ⓑ의 F+g 값이 3 또는 6이 아니므로 ⓐ과 ⓑ은 핵상이 n인 세포이다. ⓑ이 X 염색체를 가지므로 X 염색체를 갖는 n세포가 존재한다.

III이 $2n$(복제 X) 세포라면 I, II는 n세포이다. 이 개체의 모든 세포는 g를 갖지 않게 되는데, 이 경우 III에 대응되는 ⓒ에서 F의 DNA 상대량이 3이라는 모순이 발생한다.

II가 $2n$ 세포이며, 이 개체의 모든 세포는 G를 갖지 않게 되고 III은 G와 g를 모두 갖지 않는 세포이다. 즉 G와 g는 X 염색체에 존재하고 III은 Y 염색체를 갖는 n세포이며 I은 X 염색체를 갖는 n세포이다. ⓑ이 I이며 ⓐ이 III이다.

ㄱ. E,e는 상염색체 위에 있으므로 I은 e를 갖는다. 즉 ⓐ는 O이다. (○)
ㄴ. ⓑ은 I이다. (X)
ㄷ. II는 G_1기 세포이므로 유전자형이 $EeFFX^gY$이다. 즉 e, F, g의 DNA상대량을 더한 값은 4이다. (X)

21 2024학년도 6월 평가원 14번

정답 : ㄴ

(가),(다),(라)의 핵상은 n이며, (나)의 핵상은 $2n$이다. (나) 개체의 세포는 b를 갖지 않는데 (다)가 b를 가지므로 (나)와 (다)는 서로 다른 개체의 세포이다. (나) 개체의 세포는 같은 종류의 염색체끼리 크기가 모두 동일하므로 암컷(I)의 세포이다. BB 동형접합이기에 I의 세포라면 B를 가져야 하는데 (라)는 갖지 않으므로 (나)와 (라)는 서로 다른 개체의 세포이다. 그러므로 (가), (나)가 암컷 I의 세포, (다), (라)가 수컷 II의 세포이다.

ㄱ. (가)는 I의 세포이다. (X)
ㄴ. I의 유전자형은 AaBB이다. (○)
ㄷ. (라)가 B, b를 모두 갖지 않으므로 성염색체 위에 있는 유전자이며,
　　암컷(I)가 B, b를 가지므로, B, b는 X 염색체 위에 있다. (X)

22 2024학년도 9월 평가원 11번

정답 : ㄱ

세포 ⓒ은 A+a+B+b값이 1인데, 이는 A+a 혹은 B+b가 0이어야 한다.

즉 (가)와 (나)중 적어도 하나는 성염색체 위에 있어야 한다.

(가)와 (나)가 각각 X, Y 염색체에 있다면 I, II, III, IV 순서대로 A+a+B+b값이 2, 4, 2, 1로 나와야 하는데, 이렇게 되면 ⓐ, ⓑ 값이 모두 2가 되어 모순이다.

(가)와 (나) 중 하나는 상염색체 위에, 하나는 성염색체 위에 있어야 한다.

이때 I, II의 A+a+B+b값은 3, 6이어야 한다.

A+a+B+b값 3, 6이 등장할 수 있는 세포는 ㉠, ㉡만 가능한데, ⓐ가 ⓑ보다 작으므로 ⓐ가 3 (㉠), ⓑ가 6(㉡)이다.

나머지 III, IV 중에서 A, a, B, b 중 하나의 DNA 상대량 값을 홀수로 가질 수 있는 세포는 IV가 유일하므로 IV가 1, III이 4이다.

ㄱ. ⓐ는 3이다. (○)

ㄴ. ㉡은 II이다. (X)

ㄷ. ㉣은 감수 2분열 중기 세포인 III이므로 염색체 수는 23이다. (X)

23 2024학년도 9월 평가원 15번

정답 : ㄱ, ㄴ

상동 염색체가 함께 들어 있는 세포의 핵상은 $2n$이고,

같은 종의 세포에는 모양과 크기가 같은 염색체가 들어 있다.

이를 통해서 (가)의 핵상은 n, (나)의 핵상은 $2n$, (다)의 핵상은 n이고, (가)와 (다)는 서로 같은 종의 세포라고 할 수 있다. (나)는 모양과 크기가 같은 상동 염색체가 함께 들어 있으므로 핵상이 $2n$이면서, 염색체 수가 짝수인 세포이다.

따라서 (나)는 $2n = 6$이면서 X 염색체(㉠)를 2개 나디낸 암컷(C)의 세포이거나 $2n = 8$이면서 X 염색체 2개를 나타내지 않은 암컷(C)의 세포이다.

하지만 B($2n = 8$)와 C의 체세포 1개당 염색체 수가 서로 다르므로

(나)는 $2n = 6$이면서 X 염색체(㉠)를 2개 나타낸 암컷(C)의 세포이다.

또한, 염색체 수에 의해서 (가)는 X 염색체(㉠)가 있는 암컷 B의 세포이고,

(다)는 X 염색체(㉠)가 없지만 나타내지 않은 Y 염색체가 있는 수컷 A의 세포이다.

ㄱ. ㉠은 X 염색체이다. (○)

ㄴ. (가)와 (나)는 모두 암컷의 세포이다. (○)

ㄷ. 암컷 C($2n = 6$)의 체세포 분열 중기의 세포 1개당 $\dfrac{\text{상염색체수}}{\text{X염색체수}} = \dfrac{4}{2}$이다. (X)

24 2024학년도 수능 11번

정답 : ㄴ, ㄷ

I은 4를 가지는 세포이고, IV는 2와 1을 동시에 가지는 세포이므로 이 두 세포는 핵상이 $2n$임을 알 수 있다. III은 (0,0)을 가지므로 ㉠은 발문에서 언급한 X 염색체 위에 있는 형질이다.

III은 Y 염색체를 갖는 핵상이 n인 남자(P)의 세포이다.

I과 IV에서 d가 없다는 정보를 고려했을 때 II는 I, IV와 서로 다른 개체의 세포이다.

따라서 I과 IV가 같은 개체의 세포임을 알 수 있다.

I과 IV는 X 염색체 위에 있는 유전자를 동형접합(DD)으로 가지므로 여자인 Q의 세포가 되겠고, 유전자형은 $BdDDX^aX^a$이다.

(가)는 핵상이 $2n$(복제 O)인 XY의 세포이다. (나)는 핵상이 $2n$(복제 X)인 XX의 세포이다.

(나)는 Q의 세포이면서 G_1기 세포이므로 IV이다.

II, III 중 (가)가 반드시 존재하는데 III은 핵상이 n이므로 II가 (가)에 해당한다.

I은 A를 갖지 않는 Q의 M1기 세포이므로 ⓐ는 4이며,

II는 B를 갖는 P의 M1기 세포이므로 ⓑ는 2이고,

III은 D를 갖는 P의 생식세포이므로 ⓒ는 0이다.

ㄱ. (가)는 II이다. (X)

ㄴ. IV는 Q의 세포이다. (○)

ㄷ. ⓐ+ⓑ+ⓒ=4+2+0=6이다. (○)

25 2024학년도 수능 15번

정답 : ㄴ

그림에서 ㉠은 DNA 상대량으로 1과 2를 가지므로 핵상이 $2n$인 세포이다. (가)의 유전자는 상염색체에 있으므로 ㉠에서 H와 h의 DNA 상대량을 더한 값과 T와 t의 DNA 상대량을 더한 값은 같아야 한다. 따라서 ㉠에서 DNA 상대량이 1인 ⓐ는 ⓓ와 대립유전자이고, 이 사람은 ⓒ를 동형접합으로 갖는다.

ㄱ. ⓐ는 ⓓ와 대립유전자이다. (X)

ㄴ. H와 t가 모두 없는 ⓒ에 ⓑ와 ⓓ가 없으므로 ⓑ와 ⓓ는 각각 H와 t 중 하나이고, ⓐ와 ⓒ는 각각 h와 T 중 하나이다. t가 없는 ㉣에 ⓐ와 ⓑ가 없으므로 ⓑ는 t, ⓓ는 H이다. (○)

ㄷ. ⓐ는 H(ⓓ)와 대립유전자이므로 h이고, ⓒ는 T이다. 따라서 이 사람에서 (가)의 유전자형은 HhTT이므로 이 사람에게서 h와 t를 모두 갖는 생식세포는 형성될 수 없다. (X)

01 2015학년도 9월 평가원 15번

정답 : ㄱ

㉠의 표현형이 3가지이므로 대립유전자 사이의 우열 관계가 분명하지 않은 중간 유전임을 알 수 있다.

ㄱ. ㉠에 대한 대립유전자 사이의 우열 관계는 분명하지 않다. (○)

ㄴ. ㉡의 유전은 다인자 유전이므로, 복대립 유전이 아니다. (X)

ㄷ. E, F, G 유전자는 서로 다른 상염색체에 존재한다.
　따라서 나타날 수 있는 표현형의 가짓수는 (이형 접합성의 개수) +1인 4가지이다. (X)

02 2016학년도 6월 평가원 13번

정답 : ㄱ

ㄱ. 다인자 유전이므로 A와 a 사이, B와 b 사이의 우열 관계는 분명하지 않다. (○)

ㄴ. AaBb와 aabb 사이에서 나타날 수 있는 표현형은 (이형 접합성의 개수) +1인 3가지이다. (X)

ㄷ. AaBb 사이에서 아이가 태어날 때 부모보다 눈 색이 더 짙기 위해선 대문자로 표시되는
　대립유전자의 수가 3개 이상이어야 한다.

　3개일 확률은 $\dfrac{1}{4}$, 4개일 확률은 $\dfrac{1}{16}$이므로 총 $\dfrac{5}{16}$이다. (X)

정답 : ㄴ, ㄷ

완전 우성 & 중간	복대립	다인자
㉠	㉡	X

[완전 우성&중간, 복대립] 유형이다.

조건을 정리하면, ㉠은 D와 D*을 대립유전자로 가지며, 우열 관계는 제시되지 않았다.
㉡은 E, F, G를 대립유전자로 가지는 복대립 유전이며, 제시된 우열 관계는 E 〉F, G 〉F이다.
㉠과 ㉡을 결정하는 유전자는 서로 다른 상염색체에 존재한다.

(1) DD*EF와 DD*FG 사이에서 아이가 태어날 때, 아이에게서 나타날 수 있는 표현형은 12가지이다.

(가)의 표현형은 최대 3가지, (나)의 표현형은 최대 4가지이므로
둘 다 최대일 때 12가지를 만족시킨다.
따라서 (가)의 우열 관계는 D=D*이고, (나)의 EF/EG/FF/FG는 표현형이 모두 달라야 한다.
E 〉F, G 〉F이므로 표현형이 넷 다 다르기 위해선 E=G이어야 한다.

Data Table을 작성하면 다음과 같다.

D	=	D*		E	=	G	>	F

ㄱ. ㉡의 유전은 단일인자 유전이다. (X)
ㄴ. ㉠은 중간 유전이므로 DD인 사람과 DD*인 사람의 표현형은 서로 다르다. (O)
ㄷ. ㉠과 ㉡의 유전자형이 DD*EG인 부모 사이에서 아이가 태어날 때,
　　이 아이의 표현형이 부모와 같기 위해선 아이의 유전자형이 DD*EG이어야 하므로
　　확률은 $\frac{1}{2} \times \frac{1}{2} = \frac{1}{4}$이다. (O)

정답 : ㄴ

완전 우성 & 중간	복대립	다인자
ⓒ	X	ⓐ

[다인자 only, 독립] 유형이다.

조건을 정리하면, ⓐ은 A와 a, B와 b, D와 d에 의해 결정되며
세 유전자는 서로 다른 상염색체에 존재한다.
ⓒ은 E와 e에 의해 결정되는 완전 우성 유전이며,
ⓐ을 결정하는 유전자와는 다른 상염색체에 존재한다.

각 대립유전자가 모두 다른 염색체에 존재하므로 독립적으로 계산하자.

ㄱ. 유전자형이 AaBbDdEe인 개체에서 형성될 수 있는 생식세포의 유전자형은
   최대 2^4=16가지이다. (X)

ㄴ. AaBbDdEe와 aabbddee 사이에서 자손이 태어날 때, 자손에게서 나타날 수 있는 표현형은
   ⓐ에서 (이형 접합성의 개수) +1인 4가지, ⓒ에서 2가지이므로 최대 8가지이다. (○)

ㄷ. AaBbDdEe인 개체 사이에서 자손이 태어날 때 이 자손의 표현형이 부모와 같을 확률은
   ⓐ이 $\dfrac{_6C_3}{2^6}$이고, ⓒ이 $\dfrac{3}{4}$이므로, $\dfrac{20}{64} \times \dfrac{3}{4} = \dfrac{15}{64}$이다. (X)

정답 : $\dfrac{1}{4}$

완전 우성 & 중간	복대립	다인자
X	(나)	(가)

[다인자 only, 연관] 유형이다.

조건을 정리하면, (가)는 서로 다른 2개의 상염색체에 존재하는 3쌍의 대립유전자 A와 a, B와 b, D와 d에 의해 결정된다. (나)는 복대립 유전으로 한 쌍의 대립유전자 E, F, G에 의해 결정된다.

(1) (나)의 표현형은 4가지이며, EG와 EE의 표현형이 같고, FG와 FF의 표현형이 같다.
(2) AaBbDdEF 사이에서 ㉠이 태어날 때, ㉠에게서 나타날 수 있는 표현형은 최대 9가지이다.

(1)에서 EG의 표현형이 E이므로 E > G이고, FG의 표현형이 F이므로 F > G이다.
(나)의 대립유전자가 3종류인데 표현형이 4가지가 존재하므로, E = F임을 알 수 있다.

Data Table을 작성하면 다음과 같다.

E	=	F	>	G

(가)와 (나)를 결정하는 대립유전자가 다른 염색체에 존재하므로 독립적으로 계산하자.
EF 부모 사이에서 EE, FF, EF로 (나)의 표현형이 3가지가 나타날 수 있다.
따라서 (2)에서 표현형이 9가지가 나타나기 위해선, 나타날 수 있는 (가)의 표현형이 3가지여야 한다.

$$1 \;\|\; 0 \qquad 1 \;\|\; 0 \quad / \quad 1 \;\|\; 0 \qquad 1 \;\|\; 0$$

부모에서 (가)의 연관되어 있지 않은 대립유전자가 모두 이형 접합성이므로
자손에게 대문자로 표시되는 대립유전자를 0~2개까지 줄 수 있다.
따라서 자손에게서 나타날 수 있는 표현형은 적어도 3가지이다.
자손의 (가)의 표현형이 3가지가 되기 위해선 연관된 염색체에서
대문자로 표시되는 대립유전자의 개수가 모두 같아야 하므로, 다음과 같이 나타낼 수 있다.

$$\begin{matrix} 1 \\ 0 \end{matrix} \;\middle\|\; \begin{matrix} 0 \\ 1 \end{matrix} \qquad 1 \;\|\; 0 \quad / \quad \begin{matrix} 1 \\ 0 \end{matrix} \;\middle\|\; \begin{matrix} 0 \\ 1 \end{matrix} \qquad 1 \;\|\; 0$$

㉠의 표현형이 부모와 같기 위해선 (가)의 연관되어 있지 않은 대립유전자가 이형 접합성이고,
(나)의 유전자형이 EF여야 하므로, $\dfrac{1}{2} \times \dfrac{1}{2} = \dfrac{1}{4}$이다.

추가 조건이 없어 어떤 대립유전자가 연관되어 있는지는 확정할 수 없다.

06 2018학년도 6월 평가원 12번

정답 : ㄴ, ㄷ

UNIT 4 - PART 3 - THEME 01 본문의 (2) 복대립 유전에 예시로 문항의 간략한 해설을 실어놓았다.
각 유전자와 형질을 Matching 시키면 바로 선지 판단이 가능하다.

07 2018학년도 수능 15번

정답 : ㄱ, ㄷ

완전 우성 & 중간	복대립	다인자
X	X	㉠, ㉡

[다인자 only, 연관] 유형이다.

조건을 정리하면, ㉠은 A와 a, B와 b, D와 d 3개의 유전자에 의해 결정되고, ㉡은 E와 e, F와 f, G와 g 3개의 유전자에 의해 결정된다. ㉠, ㉡을 결정하는 대립유전자는 서로 다른 상염색체에 있다.

(1) AaBbDdEeFfGg 사이에서 태어난 자손 ⓐ에게서 나타날 수 있는 ㉠의 표현형은 최대 4가지이다.
(2) AaBbDdEeFfGg 사이에서 태어난 자손 ⓐ에게서 나타날 수 있는 ㉡의 표현형은 최대 7가지이다.
(3) ⓐ에서 ㉡의 유전자형이 eeffgg일 확률은 $\frac{1}{16}$ 이다.

(1)에서 ⓐ에게서 나타날 수 있는 ㉠의 표현형이 최대 4가지라는 조건을 이용해서 ㉠의 연관 여부를 추론해내야 한다.
가능한 Case는 7가지이다. (수험장에서 문제를 푸는 상황에선 가능성이 큰 Case 먼저 나열하자.)

연관 여부		표현형 가짓수
3 독립		7가지
2 연관 1 독립	상인/상인	7가지
	상인/상반	5가지
	상반/상반	3가지
3 연관	3/0 3/0	3가지
	3/0 2/1	4가지
	2/1 2/1	3가지

따라서 ㉠을 결정하는 세 쌍의 대립유전자는 한 염색체에 존재하고 부모의 연관 여부는 다음과 같다.

〈부모의 염색체 일부와 ㉠에 대한 유전자형〉

```
1 ‖ 0        1 ‖ 0
1 ‖ 0   /    1 ‖ 0
1 ‖ 0        0 ‖ 1
```

(2)에서 ⓐ에게서 나타날 수 있는 ㉡의 표현형은 최대 7가지라는 조건을 이용해서
㉡의 연관 여부를 추론해내야 한다. 위 표를 이용하면 3 독립 or 2 연관 1 독립 중 상인/상인인 경우
이다.

(3)에서 확률은 $\frac{1}{16}$으로 나타나려면 ㉡을 결정하는 세 쌍의 유전자가 서로 다른 상염색체에 존재할
수 없다.
따라서 ㉡을 나타내는 3쌍의 대립유전자는 서로 다른 2개의 상염색체에 존재한다.

〈부모의 염색체 일부와 ㉡에 대한 유전자형〉

```
1 ‖ 0                     1 ‖ 0
           1 ‖ 0   /               1 ‖ 0
1 ‖ 0                     1 ‖ 0
```

ㄱ. ⓐ의 부모 중 한 사람은 A, B, D가 연관된 염색체를 가진다. (○)
ㄴ. ㉡을 결정하는 유전자는 서로 다른 2개의 상염색체에 있다. (X)
ㄷ. ⓐ에서 ㉠의 표현형이 부모와 다를 확률은 1이고,

㉡의 표현형이 부모와 다를 확률은 $\frac{3}{4}$이므로 총 확률은 $\frac{3}{4}$이다. (○)

정답 : ㄱ, ㄴ, ㄷ

완전 우성 & 중간	복대립	다인자
㉠~㉣	X	X

[완전 우성&중간, 복대립] 유형이다.

조건을 정리하면, ㉠~㉣ 중 3가지 형질은 완전 우성 유전, 나머지 한 형질은 중간 유전이다.
각 형질의 연관 여부는 직접 제시되지 않았다.

(1) AaBbDdEe를 자가 교배하여 얻은 자손이 ㉠~㉣ 중 적어도 3가지 형질에 대한 유전자형을
이형 접합성으로 가질 확률은 $\dfrac{5}{16}$이다.

(2) AabbDdee와 AabbddEe 사이에서 자손이 태어날 때, 나타나는 표현형은 8가지이다.

(3) aaBbddEe와 AabbDDEe 사이에서 자손이 태어날 때, 나타나는 표현형은 12가지이다.

(1)에서 '적어도 3가지 형질'이란 조건 때문에 확률 계산이 힘들 수 있다.
확률 자체에 집중하기보단 분모인 16에 초점을 두고 추론해보자.
자가 교배이므로 연관된 염색체에서 상인/상반의 구성은 불가능하다.

우선 독립된 유전자의 경우 이형 접합성인 부모 사이에서 동형/이형 접합성이 나타날 확률은 $\dfrac{1}{2}$로 같다.

따라서 ㉠~㉣ 중 2개가 한 염색체에 연관되어 있고, 나머지 두 형질이 독립되어 있다면,
두 독립된 유전자에서 나올 수 있는 분모는 4가 최대이다. 나머지 연관된 유전자 두 쌍이 남은 분모
4를 채워야 한다. 그러나 상인/상인, 상반/상반 중 어떠한 경우도 분모에 4가 나타날 수 없으므로 모
순이다.

즉, ㉠~㉣ 중 두 형질이 연관되어 있다면, 분모에 4가 나타날 수 없으므로 모든 Case에서 16이 나올
수 없다. 따라서 남는 경우는 세 형질이 연관되어 있거나 모두 다른 염색체에 존재하는 경우이다.

세 형질이 연관되어 있는 경우 독립된 유전자에서 $\dfrac{1}{2}$ 확률이 나타나므로,
분모에 8 이상이 나올 수 없기 때문에 모순이다.
따라서 ㉠~㉣를 결정하는 유전자는 모두 다른 상염색체에 존재한다.

(3)에서 12가지 가짓수가 나타나려면 부모의 중간 유전에 대한 유전자형이 모두 이형 접합성이어야 하고,
따라서 E와 e가 중간 유전을 나타냄을 알 수 있다.

ㄱ. ⓐ는 ㉣이다. (○)

ㄴ. ⓑ에서 A와 E는 서로 다른 염색체에 존재한다. (○)

ㄷ. ㉠, ㉡, ㉢의 확률이 각각 $\dfrac{3}{4}$, $\dfrac{1}{2}$, 1이고, ㉣은 확률이 $\dfrac{1}{2}$이므로, 전체 확률은 $\dfrac{3}{16}$이다. (○)

정답 : ㄱ, ㄴ, ㄷ

완전 우성 & 중간	복대립	다인자
㉠~㉣	X	X

[완전 우성&중간, 복대립] 유형이다.

조건을 정리하면, ㉠~㉣ 중 3가지 형질은 완전 우성 유전, 나머지 한 형질은 중간 유전이다.
(1) AaBbDdEe를 자가 교배하여 태어난 자손에게서 나타날 수 있는 표현형은 18가지이다.
(2) AABbddEe와 AaBbDDee 사이에서 자손이 태어날 때, 나타날 수 있는 표현형은 3가지이고,
유전자형이 AabbDdEe인 개체가 태어날 수 있다.

(1)에서 표현형이 18가지인 경우를 살펴보자.
18가지가 되는 경우는 $2 \times 3 \times 3$인 Case뿐이다. 따라서 두 형질을 결정하는 유전자가 하나의 염색체에 연관되어 있고, 나머지 두 형질의 유전자는 서로 다른 상염색체에 존재한다.

	연관	중간	완전 우성
가짓수	3	3	2

연관된 염색체에서 3가지 표현형이 나타나려면, 자가 교배한 부모 세대는 상반 연관의 형태여야 한다.
따라서 부모 세대 개체의 염색체 일부와 유전자형을 나타내보면 다음과 같다.
(자가 교배이므로 한 개체만 나타내었다.)

$$
\begin{matrix} 1 \\ 0 \end{matrix} \parallel \begin{matrix} 0 \\ 1 \end{matrix} \qquad 1 \parallel 0 \qquad 1 \parallel 0
$$

(2)에서 3가지 표현형이 나타나기 위해서 독립된 완전 우성 유전은 1가지 표현형이 나타나야 하고,
연관된 완전 우성 유전과 중간 유전의 표현형의 가짓수가 각각 1가지, 3가지 중 하나여야 한다.

	연관	중간	완전 우성
가짓수	1 or 3	1 or 3	1

독립된 완전 우성 유전에서 1가지 표현형이 나타나기 위해선
1) 부모 중 한 명이 대문자로 표시되는 유전자를 동형 접합성으로 가지거나
2) 부모 모두가 소문자로 표시되는 유전자를 동형 접합성으로 가져야 한다.
따라서 독립된 완전 우성 유전은 A와 a, D와 d 중 하나이다.

중간 유전의 표현형의 가짓수는 1가지 혹은 3가지만 나타나야 한다.
따라서 A와 a, E와 e는 중간 유전을 결정하지 않고, E와 e는 연관된 완전 우성 유전 중 하나를 결정한다.

E와 e에서 연관된 완전 우성 유전은 2가지 이상의 표현형이 나타날 수 있다.
연관된 독립 유전의 표현형 가짓수는 3, 중간 유전의 표현형 가짓수는 1이다.

	연관	중간	완전 우성
가짓수	3	1	1

중간 유전의 표현형이 1가지이므로 D와 d가 중간 유전을 결정하고,
A와 a가 독립된 완전 우성 유전을 결정함을 알 수 있다.

문제의 조건을 토대로 (2)에서 부모의 염색체 일부와 유전자형을 나타내면 다음과 같다.

⟨AaBbDDee⟩

$$\begin{matrix} B \\ e \end{matrix} \Big\| \begin{matrix} b \\ e \end{matrix} \qquad D \| D \qquad A \| a$$

/

⟨AABbddEe⟩

$$\begin{matrix} B \\ e \end{matrix} \Big\| \begin{matrix} b \\ E \end{matrix} \qquad d \| d \qquad A \| A$$

⟨ⓒ의 염색체 일부와 유전자형⟩

$$\begin{matrix} b \\ e \end{matrix} \Big\| \begin{matrix} b \\ E \end{matrix} \qquad D \| d \qquad A \| a$$

ⓑ와 ⓒ를 교배하여 자손을 얻을 때, 이 자손의 표현형이 ⓒ와 같을 확률은 $\frac{1}{2} \times \frac{1}{2} \times \frac{3}{4} = \frac{3}{16}$ 이다.

→ ㄷ 정답

ㄱ. ⓐ는 ⓒ이다. (○)
ㄴ. ⓑ에서 B와 e는 연관되어 있다. (○)

정답 : ㄴ, ㄷ

완전 우성 & 중간	복대립	다인자
X	O	X

조건을 정리하자.

(1) 유전자형이 AD인 개체와 BD인 개체의 몸 색은 서로 같다. → D 〉A, D 〉B

(2) 유전자형이 AE인 개체, BB인 개체, BE인 개체는 몸 색이 각각 서로 다르다.
   → E 〉B, A 〉E

D	>	A	>	E	>	B

(3) 회색 몸 암컷과 검은색 몸 수컷의 자손에서 검은색 : 붉은색 형질이 1 : 1로 나타난다.

(4) 갈색 몸 암컷과 붉은색 몸 수컷의 자손에서 붉은색 : 회색 : 갈색 형질이 2 : 1 : 1로 나타난다.

→ **부모와 다른 표현형이 자손에서 발현되는 경우 자손의 표현형은 최우성 형질이 아니므로**
   붉은색과 회색은 최우성 형질일 수 없다.

갈색이 최우성 형질이라면, 자손의 형질이 갈색일 확률이 반드시 $\frac{1}{2}$ 이상이므로

비율이 2 : 1 : 1일 수 없다. 따라서 갈색 형질 역시 최우성 형질이 아니다.

∴ D는 최우성 형질인 검은색이다.

자손의 표현형이 3가지 나오는 경우 부모와 다른 표현형이 최열성 형질이므로
회색은 갈색과 붉은색보다 열성 형질이다. 남은 것은 갈색과 붉은색의 우열이다.

갈색 몸 암컷과 붉은색 몸 수컷을 교배하여 나온 자손에서 붉은색 : 회색 : 갈색 형질이 2 : 1 : 1로
나타났다는 조건을 통해 AB와 EB의 교배임을 알 수 있다. 자손에서 나타날 수 있는 유전자형 AE,
AB, EB, BB 중에서 A가 발현되는 AE와 AB가 붉은색 형질이 되어야 하므로 붉은색이 갈색보다
우성이다.

D	A	E	B
검	붉	갈	회

ㄱ. ㉠의 몸 색은 회색이다. (X)

ㄴ. ㉡의 유전자형은 AB이다. (O)

ㄷ. ⓐ의 유전자형은 AE or AB인데, 유전자형이 DE인 개체와 교배하여 자손(F_1)을 얻을 때
   이 자손이 붉은색 몸을 가질 확률은 붉은색 수컷의 A와 검은색 암컷의 E가 수정되어 유전자형이
   AE인 자손이 나올 확률이므로 $\frac{1}{2} \times \frac{1}{2} = \frac{1}{4}$ 이다. (O)

11 2020학년도 9월 평가원 14번

정답 : $\dfrac{1}{4}$

완전 우성 & 중간	복대립	다인자
㉡	X	㉠

[완전 우성, 중간 With 다인자, 연관] 유형이다.

조건을 정리하면, ㉠은 3쌍의 대립유전자 A와 a, B와 b, D와 d에 의해 결정되고,
㉡은 한 쌍의 대립유전자 E와 e에 의해 결정되는 완전 우성 유전이다.

(1) AaBbDdEe 사이에서 자손 ⓐ가 태어날 때, ⓐ에게서 나타날 수 있는 표현형은 최대 11가지이다.
(2) ⓐ는 유전자형으로 aabbddee를 가질 수 있다.

(1)에서 표현형이 11가지가 나오려면, E와 e는 ㉠을 결정하는 유전자 중 적어도 하나와는 연관되어
있어야 한다. 가능한 연관의 Case를 나열해보자.

1) 4 연관
2) 3 연관 1 독립
3) 2 연관 X2
4) 2 연관 2 독립

1)에선 11가지 표현형이 나타날 수 없으므로 불가능.

2)에서 (2)를 바탕으로 부모의 염색체 일부를 나타내면 다음과 같다.

$$
\begin{array}{cc||cc} 1 & & 0 \\ 1 & & 0 \\ E & & e \end{array}
\qquad
\begin{array}{c||c} 1 & 0 \end{array}
\quad / \quad
\begin{array}{cc||cc} 1 & & 0 \\ 1 & & 0 \\ E & & e \end{array}
\qquad
\begin{array}{c||c} 1 & 0 \end{array}
$$

이때 자손의 표현형 가짓수는 E일 때 5가지, ee일 때 3가지 총 8가지이므로 불가능.

3) 역시 (2)를 바탕으로 부모의 염색체 일부를 나타내면 다음과 같다.

$$
\begin{array}{cc||cc} 1 & & 0 \\ E & & e \end{array}
\qquad
\begin{array}{cc||cc} 1 & & 0 \\ 1 & & 0 \end{array}
\quad / \quad
\begin{array}{cc||cc} 1 & & 0 \\ E & & e \end{array}
\qquad
\begin{array}{cc||cc} 1 & & 0 \\ 1 & & 0 \end{array}
$$

이때 자손의 표현형 가짓수는 E일 때 6가지, ee일 때 3가지 총 9가지이므로 불가능.

4)에서 부모의 염색체 일부를 나타내면 다음과 같다.

$$
\begin{array}{c} 1 \\ E \end{array} \Big\| \begin{array}{c} 0 \\ e \end{array} \qquad 1 \Big\| 0 \qquad 1 \Big\| 0 \quad / \quad \begin{array}{c} 1 \\ E \end{array} \Big\| \begin{array}{c} 0 \\ e \end{array} \qquad 1 \Big\| 0 \qquad 1 \Big\| 0
$$

이때 자손의 표현형 가짓수는 E일 때 6가지, ee일 때 5가지 총 11가지이므로 조건 만족.

ⓐ의 표현형이 부모와 모두 같기 위해선 대문자로 표시되는 대립유전자 3개와 E를 가져야 한다.

ⓐ의 ⓒ에 대한 유전자형이 EE인 경우 확률은 $\dfrac{1}{4} \times \dfrac{1}{4} = \dfrac{1}{16}$이고,

ⓐ의 ⓒ에 대한 유전자형이 Ee인 경우 확률은 $\dfrac{1}{2} \times \left(\dfrac{1}{8} + \dfrac{1}{4} \right) = \dfrac{3}{16}$이다.

따라서 ⓐ의 표현형이 부모와 모두 같을 확률은 $\dfrac{1}{4}$이다.

정답 : ㄴ, ㄷ

완전 우성 & 중간	복대립	다인자
㉠, ㉡	㉢	X

조건을 정리하면, ㉠은 완전 우성 유전, ㉡은 중간 유전, ㉢은 복대립 유전이다.

(1) DD와 DE의 표현형은 같고, EF와 FF의 표현형이 같고, ㉢의 표현형은 4가지가 존재한다.

(2) AA*BB*DE와 AA*BB*EF인 부모 사이에서 ⓐ가 태어날 때,

ⓐ에서 ㉠~㉢의 유전자형이 모두 이형 접합성일 확률은 $\frac{3}{16}$ 이다.

(1)에서 DE가 D를 나타내므로 D > E이고, EF 역시 F를 나타내므로 F > E이다.
또한 ㉢의 대립유전자는 3가지인데, 표현형이 4가지이므로 공동 우성 유전임을 알 수 있다.

따라서 ㉢의 우열 관계를 Data Table로 작성하면 다음과 같다.

D	=	F	>	E

(2)에서 가능한 Case는 크게 5가지이다.

Case	연관 여부	
1	3 연관	
2		㉠, ㉡ 연관
3	2 연관 1 독립	㉡, ㉢ 연관
4		㉠, ㉢ 연관
5	3 독립	

Case 1. 3 연관의 경우 분모가 16이 나타날 수 없으므로 불가능.
Case 2. 연관된 ㉠, ㉡은 상인/상반 여부와 상관없이 분모가 2인데, ㉢에서 분모가 8일 수 없으므로 불가능.
Case 3. ㉠에서 분모가 2인데 연관된 염색체에서 분모가 8일 수 없으므로 불가능.
Case 4. ㉡에서 분모가 2인데 연관된 염색체에서 분모가 8일 수 없으므로 불가능.

따라서 ㉠~㉢는 모두 다른 상염색체에 존재한다.

ㄱ. D = F > E이므로 유전자형이 DE인 사람과 DF인 사람의 ㉢에 대한 표현형은 다르다. (X)
ㄴ. ㉠의 유전자와 ㉡의 유전자는 서로 다른 염색체에 존재한다. (O)
ㄷ. ⓐ에게서 나타날 수 있는 ㉠~㉢의 표현형은 최대 24가지이다. (O)

정답 : $\dfrac{5}{8}$

완전 우성 & 중간	복대립	다인자
(가), (나), (다)	X	X

조건을 정리하면, (가)~(다) 중 2가지 형질은 완전 우성 유전, 나머지 한가지 형질은 중간 유전이다.
(가)~(다)를 결정하는 유전자는 모두 상염색체에 있다.
(1) $AaBbDd$과 $AaBBdd$사이에서 ⓐ가 태어날 때, ⓐ에게서 나타날 수 있는 표현형은 최대 8가지이다.

(1)에서 8가지 표현형이 나타나려면,
1) (가)~(다)가 모두 다른 상염색체에 존재하거나,
2) 두 형질이 연관되어 4개의 표현형이 나타나고, 다른 독립된 형질에서 2개의 표현형이 나타나야 한다.

2)를 먼저 살펴보자.
(나)가 완전 우성 유전이라면, 연관 여부와 관계 없이 표현형이 1가지로 고정된다.
따라서 (나)가 중간 유전이다.

연관된 염색체에서 표현형이 4가지이기 위해선 (가)가 연관되어 있어서는 안된다.
(가)의 유전자형이 aa일 때 연관된 염색체의 다른 대립유전자도 유전자형이 고정되기 때문에
표현형이 4가지가 나타나지 않기 때문이다.
(나)와 (다)가 연관되어 있어도 부모 중 한 명의 유전자형이 $BBdd$이기에 4가지가 나타나지 않는다.

따라서 (가)~(다)는 모두 다른 상염색체에 존재한다.

ⓐ의 표현형이 ㉠과 같거나 다를 확률을 표로 나타내면 다음과 같다.

	(가)	(나)	(다)
같을 확률	$\dfrac{3}{4}$	$\dfrac{1}{2}$	$\dfrac{1}{2}$
다를 확률	$\dfrac{1}{4}$	$\dfrac{1}{2}$	$\dfrac{1}{2}$

ⓐ의 2가지 형질에 대한 표현형이 ㉠과 같을 확률을 구해보면
$\dfrac{3}{4} \times \dfrac{1}{2} \times \dfrac{1}{2} \times 2 + \dfrac{1}{4} \times \dfrac{1}{2} \times \dfrac{1}{2} = \dfrac{7}{16}$ 이고,

3가지 형질에 대한 표현형이 모두 같을 확률을 구하면 $\dfrac{3}{4} \times \dfrac{1}{2} \times \dfrac{1}{2} = \dfrac{3}{16}$ 이므로

적어도 2가지 형질에 대한 표현형이 같을 확률은 $\dfrac{5}{8}$ 이다.

정답 : 7

완전 우성 & 중간	복대립	다인자
㉠	X	㉡

[완전 우성, 중간 With 다인자, 연관] 유형이다.

조건을 정리하면, ㉠은 중간 유전이고, ㉡ 일부와 연관 되어 있다.

부모의 염색체 일부와 ㉠, ㉡에 대한 유전자형을 나타내면 다음과 같다.

$$
\begin{Vmatrix} A \\ b \end{Vmatrix} \begin{Vmatrix} a \\ B \end{Vmatrix} \quad \begin{Vmatrix} D \\ E \end{Vmatrix} \begin{Vmatrix} d \\ e \end{Vmatrix} \quad / \quad \begin{Vmatrix} A \\ B \end{Vmatrix} \begin{Vmatrix} a \\ b \end{Vmatrix} \quad \begin{Vmatrix} D \\ e \end{Vmatrix} \begin{Vmatrix} d \\ E \end{Vmatrix}
$$

가독성과 효율성을 위해 중간 유전인 ㉠의 Case를 먼저 구분해주자.

①. 유전자형이 AA인 경우
표현형의 가짓수는 오롯이 D, E를 가지는 염색체에 의해서만 결정된다.
따라서 이 경우 나올 수 있는 표현형의 가짓수는 2가지이다.

②. 유전자형이 Aa인 경우
유전자형이 AaBB와 Aabb로 나타날 수 있다.
따라서 B와 b로부터 나타날 수 있는 대문자 수는 (2, 0)이고,
D와 d, E와 e로부터 나타날 수 있는 대문자 수는 (3, 1)이므로
가능한 ㉡의 대문자로 표시되는 대립유전자 수의 가짓수는 (5, 3, 1)로 3가지이다.

③. 유전자형이 aa인 경우
표현형의 가짓수는 오롯이 D, E를 가지는 염색체에 의해서만 결정된다.
따라서 이 경우 나올 수 있는 표현형의 가짓수는 2가지이다.

따라서 P와 Q사이에서 태어난 아이의 전체 표현형의 최대 가짓수는 $2+3+2=7$가지이다.

정답 : ㄱ, ㄷ

완전 우성 & 중간	복대립	다인자
㉠, ㉡	㉢	X

[완전 우성&중간, 복대립] 유형이다. 다만, ㉠, ㉡의 완전 우성/중간 여부는 제시되지 않았다.

조건을 정리하면, ㉠, ㉡은 각각 A와 a, B와 b에 의해 결정되고 완전 우성 유전 or 중간 유전이다.
㉢은 공동 우성 유전이고, 우열 관계는 E = F > D이다.
(1) 여자 P와 남자 Q의 ㉠~㉢의 표현형은 같으며, 여자 P의 ㉠~㉢에 대한 유전자 구성은 다음과 같다.

$$\begin{array}{c} A \\ D \end{array} \Big\| \begin{array}{c} a \\ F \end{array} \qquad B \, \| \, b$$

(2) P와 Q 사이에서 ⓐ가 태어날 때, ⓐ의 ㉠~㉢의 표현형 중 한 가지만 부모와 같을 확률은 $\dfrac{3}{8}$이다.

문제 조건을 통해 알아내야 하는 것은 ㉠, ㉡의 완전 우성/중간 여부와 남자 Q의 유전자형이다.
연관되어 있는 ㉠에 비해 확률 계산이 수월한 ㉡을 먼저 찾아보자.

①. ㉡에 대한 남자 Q의 유전자형 찾기

남자 Q의 표현형이 P와 같기 위해서는 ㉡의 완전 우성/중간 여부와 상관없이 B를 하나 이상 가져야 한다.
남자 Q의 ㉡의 유전자형이 BB라면 ⓐ는 항상 B를 가지므로 부모와 ㉡에 대한 표현형이 항상 같다.
따라서 조건에 따르면 ㉠과 ㉢의 표현형이 부모와 다를 확률이 $\dfrac{3}{8}$이어야 한다.

이때, 한 염색체에 연관된 두 형질의 확률은 분모가 4보다 클 수 없으므로 모순이다.
∴ 남자 Q의 ㉡의 유전자형은 Bb이다.

②. ㉢에 대한 남자 Q의 유전자형 찾기

남자 Q의 표현형이 P와 같기 위해서는 ㉢의 유전자형이 FF이거나 DF이어야 한다.
남자 Q의 ㉢의 유전자형이 FF라면, ⓐ는 반드시 F를 하나 이상 가지게 되어
㉢의 표현형이 부모와 항상 같다.
이 경우, ㉠과 ㉡의 표현형이 부모와 다를 확률 = $\dfrac{3}{8}$을 만족해야 하는데,
남자 Q의 ㉡의 유전자형이 Bb로 결정되었기 때문에 ⓐ에서 ㉡의 표현형이 부모와 다를 확률은 ㉡이 중간 유전일 경우 $\dfrac{1}{2}$, 우열 관계가 명확할 경우 $\dfrac{1}{4}$이다. ㉡이 중간 유전일 경우 ㉠의 표현형이 부모와 다를 확률은 $\dfrac{3}{4}$이 되어야 하는데, 이것은 남자 Q의 ㉢의 유전자형에 관계없이 나올 수 없는 확률이다. ㉡의 우열 관계가 명확할 경우 ㉠의 표현형이 부모와 다를 확률은 $\dfrac{3}{2}$이 되어 확률이 1을 넘어가기 때문에 모순이 발생한다.

∴ 남자 Q의 ㉢의 유전자형은 DF이다.

③. ㉡의 완전 우성/중간 여부 찾기

귀류를 통해 ㉡의 완전 우성/중간 여부를 판별하자.

if) ㉡이 완전 우성 유전

㉡이 완전 우성 유전이라면 @의 ㉡에 대한 표현형이 부모와 같을 확률은 $\frac{3}{4}$이고,

다를 확률은 $\frac{1}{4}$이다.

$\frac{3}{4} \times$(㉠과 ㉢이 모두 다를 확률) $+ \frac{1}{4} \times$(㉠과 ㉢ 중 하나만 같을 확률)$= \frac{3}{8}$을 만족해야 한다.

(㉠과 ㉢이 모두 다를 확률)과 (㉠과 ㉢ 중 하나만 같을 확률)의 합은 1 이하이고,

각각은 $0, \frac{1}{4}, \frac{2}{4}, \frac{3}{4}, 1$ 중 하나이다. 이를 모두 만족하는 경우는 $(\frac{1}{4}, \frac{3}{4})$과 $(\frac{2}{4}, 0)$ 뿐이다.

여기서 남자 Q의 ㉠의 유전자형에 대해서 귀류를 한 번 더 들어가자.
남자 Q의 표현형이 P와 같기 위해서는 ㉠의 완전 우성/중간 여부와 상관없이 A를 하나 이상 가져야
한다.

if) ㉡이 완전 우성 유전 + 남자 Q의 ㉠의 유전자형이 AA
남자 Q의 ㉠의 유전자형이 AA라고 가정하자.

㉡을 완전 우성 유전이라고 가정한 상태에서 (㉠과 ㉢이 모두 다를 확률)은 $\frac{1}{4}$ or $\frac{2}{4}$이다.

㉠이 완전 우성 유전이라면 @는 ㉠에 대해서 반드시 A를 하나 이상 가지기 때문에
(㉠과 ㉢이 모두 다를 확률)이 0이 된다.
따라서 지금의 Case에서 ㉠은 중간 유전이 되어야 한다.

그렇다면 문제 조건에 따라 남자 Q의 ㉠의 유전자형은 Aa가 되어야 하기 때문에
남자 Q의 ㉠의 유전자형을 AA라고 가정한 것에 모순이 발생한다.

if) ㉡이 완전 우성 유전 + 남자 Q의 ㉠의 유전자형이 Aa
남자 Q의 ㉠의 유전자형이 Aa라고 가정하자.

이 Case에 대해서 남자 Q의 ㉠~㉢에 대한 유전자 구성은 다음 두 가지 중 하나로 결정된다.

$$
\begin{array}{c}
A \\ D
\end{array} \bigg\Vert
\begin{array}{c}
a \\ F
\end{array}
\qquad B \parallel b
\qquad \text{or} \qquad
\begin{array}{c}
a \\ D
\end{array} \bigg\Vert
\begin{array}{c}
A \\ F
\end{array}
\qquad B \parallel b
$$

㉠이 완전 우성 유전이라면 @는 ㉠, ㉢에 대해서 반드시 A와 F를 하나 이상 가지기 때문에
(㉠과 ㉢이 모두 다를 확률)이 0이 된다.
따라서 지금의 Case에서 ㉠은 중간 유전이 되어야 한다.

남자 Q의 ㉠~㉢에 대한 유전자 구성이 후자에 해당한다면,
(㉠과 ㉢이 모두 다를 확률)이 0이 된다.

남자 Q의 ㉠~㉢에 대한 유전자 구성이 전자에 해당한다면,

(㉠과 ㉢이 모두 다를 확률)은 $\frac{1}{4}$이 되기 때문에,

(㉠과 ㉢ 중 하나만 같을 확률)이 $\frac{3}{4}$을 만족하는지를 확인해야 한다.

그러나, (㉠이 같고 ㉢이 다를 확률) + (㉠이 다르고 ㉢이 같을 확률)=$0+\frac{1}{4}=\frac{1}{4}$이 되어

($\frac{1}{4}$, $\frac{3}{4}$)을 만족시키지 못한다.

즉, ㉢이 완전 우성 유전이라고 가정한 것 자체가 틀린 것이다.
∴ ㉢은 중간 유전이다.

④. ㉠의 완전 우성/중간 여부 찾기

㉢이 중간 유전이기 때문에, ⓐ의 ㉢에 대한 표현형이 부모와 같을 확률과 다를 확률이 모두 $\frac{1}{2}$이다.

$\frac{1}{2}\times$(㉠과 ㉢이 모두 다를 확률) + $\frac{1}{2}\times$(㉠과 ㉢ 중 하나만 같을 확률)=$\frac{3}{8}$을 만족해야 한다.

(㉠과 ㉢이 모두 다를 확률) + (㉠과 ㉢ 중 하나만 같을 확률)=$\frac{3}{4}$이 되는데,

이럴 경우 (㉠과 ㉢이 모두 같을 확률)=$\frac{1}{4}$이 되어야 한다.

우선, 지금까지의 추론을 바탕으로 가능한 ⓐ의 ㉠, ㉢에 대한 유전자 구성은 다음 네 가지이다.

$$\left\| \begin{matrix} a \\ F \end{matrix} \right. \quad or \quad \left. \begin{matrix} A \\ D \end{matrix} \right\| \left. \begin{matrix} \\ F \end{matrix} \right. \quad or \quad \left. \begin{matrix} \\ D \end{matrix} \right\| \left. \begin{matrix} a \\ F \end{matrix} \right. \quad or \quad \left. \begin{matrix} A \\ D \end{matrix} \right\| D$$

귀류를 통해 ㉠의 완전 우성/중간 여부를 판별하자.
if) ㉠이 완전 우성 유전
㉠이 완전 우성 유전이라면,
(㉠과 ㉢이 모두 다를 확률)에 해당하는 ⓐ의 ㉠, ㉢에 대한 유전자 구성은 다음과 같아야 한다.

$$\left. \begin{matrix} a \\ D \end{matrix} \right\| \begin{matrix} a \\ D \end{matrix}$$

그러나, 이와 같은 구성은 앞서 정리한 네 가지에 포함되지 않으므로 불가능하다.
그리고 (㉠과 ㉢ 중 하나만 같을 확률)에 해당하는 ⓐ의 ㉠, ㉢에 대한 유전자 구성은 다음과 같아야
한다.

```
a ‖ a      or      a ‖ a
F ‖ F              D ‖ F
```

(㉠과 ㉢이 모두 다를 확률)$= 0$이므로 (㉠과 ㉢ 중 하나만 같을 확률)$= \dfrac{3}{4}$이 되어야 하는데,

조건을 만족하는 범위 안에서 가능한 남자 Q의 ㉠의 유전자형과 ㉠, ㉢에 대한 유전자 구성에 대해서는

(㉠과 ㉢ 중 하나만 같을 확률)$= \dfrac{3}{4}$을 만족시킬 수 없다.

∴ ㉠은 중간 유전이다.

㉠과 ㉡이 중간 유전인 것을 확인했고, (㉠과 ㉢이 모두 같을 확률)$= \dfrac{1}{4}$을 만족하는

남자 Q의 ㉠~㉢에 대한 유전자 구성은 다음과 같다.

```
a ‖ A
D ‖ F      B ‖ b
```

ㄱ. ㉡은 중간 유전이기 때문에 유전자형이 다르면 표현형도 다르다. (○)

ㄴ. Q에서 A, B, D를 모두 갖는 정자는 형성될 수 없다. (X)

ㄷ. ⓐ의 ㉠과 ㉢이 함께 있는 염색체에서 나타날 수 있는 표현형의 가짓수는 4가지이고, ㉡의 표현형
   의 가짓수는 3가지이다. 따라서 ⓐ에게서 나타날 수 있는 표현형은 최대 12가지이다. (○)

정답 : ㄴ, ㄷ

완전 우성 & 중간	복대립	다인자
(가)~(다)	X	X

[완전 우성&중간, 복대립] 유형이다.

문제 조건을 먼저 정리하자.
(가)~(다)는 모두 상&열성 형질로, 독립으로 제시되었다.
(가)와 (나) 중 한 형질에 대해서만 P와 Q의 유전자형이 서로 같다 하고,
자녀 II와 III은 (가)~(다)의 표현형이 모두 같다.

표에 제시된 정보를 토대로 P의 유전자형은 ??bbdd, Q는 ????DD임을 알 수 있다.
이를 통해 자녀 1~3은 모두 유전자형이 ??b?Dd 형태임을 알 수 있다.
자녀 I~III 각각의 A + B는 순서대로 0, 2, 1인 것으로 해석된다.

자녀 I의 유전자형은 aabbDd로 확정지을 수 있고,
이에 따라 P와 Q는 모두 a, b를 적어도 한 개씩은 가진다는 것을 알 수 있다.

자녀 III이 A와 B 중 B를 갖는다면 유전자형은 aaBbDd가 될 것이다.
이때 조건에 따라 자녀 II와 III의 표현형이 같으려면 자녀 III의 유전자형이 aaBBDd가 되는데,
이 경우 자녀 III의 b를 가지지 않아 모순이 발생한다.
따라서 자녀 III은 A를 갖는다.

자녀 III의 유전자형은 AabbDd가 되고, 조건에 맞추어 자녀 II의 유전자형은 AAbbDd가 된다.
자녀 II에서 (가) 형질의 유전자형이 AA이므로, P와 Q는 모두 A를 가지게 된다.
P와 Q에서 (가) 형질의 유전자형은 Aa로 동일하다.

P의 유전자형은 Aabbdd가 되고, 조건에 맞추어 Q의 유전자형은 AaBbDD가 된다.

ㄱ. P와 Q는 (나)의 유전자형이 서로 다르다. (X)
ㄴ. II의 (가)~(다)에 대한 유전자형은 AAbbDd이다. (○)
ㄷ. III의 동생이 태어날 때,

　이 아이의 (가)~(다)의 표현형이 모두 III과 같을 확률은 $\dfrac{3}{4} \times \dfrac{1}{2} \times 1 = \dfrac{3}{8}$ 이다. (○)

정답 : $\dfrac{1}{16}$

완전 우성 & 중간	복대립	다인자
ⓛ, ⓒ	ⓐ	X

[완전 우성&중간, 복대립] 유형이다.

문제 조건부터 정리하자.
㉠~㉢의 유전자는 서로 다른 3개의 상염색체에 있다.
㉠은 복대립 유전, ㉡은 중간 유전, ㉢은 완전 우성 유전이다.
남자 P와 여자 Q 사이에서 ⓐ가 태어날 때, ⓐ에서 나타날 수 있는 ㉠~㉢의 표현형은 최대 12가지이다. P와 Q는 각각 I~IV 중 하나이다.

㉠의 우열 관계부터 정리하자.
대립유전자가 A, B, D로 제시되었고, 우열 관계는 A = B > D인 것으로 판단할 수 있다.

ⓐ에서 나타날 수 있는 ㉠~㉢의 표현형이 최대 12가지인 것으로 제시되었는데,
㉠~㉢이 독립으로 제시되었으므로 12라는 숫자는 4X3X1 또는 3X2X2로 해석할 수 있다.

만약 4X3X1일 경우, ㉠~㉢ 중 한 가지 형질에서 4가지 표현형이 나올 수 있어야 한다.
4라는 경우의 수는 ㉠에서 부모의 유전자형이 각각 AD, BD인 상황에서만 가능하다.
따라서 부모 중 한 명이 ㉠의 유전자형이 AD인 II가 되는데, II에서 형성되는 생식세포가 _E*F 형식으로 고정되기 때문에 ⓐ에서 ㉡, ㉢ 중 그 무엇도 3가지의 표현형을 발현시킬 수 없다.

따라서 3X2X2로 ㉠~㉢을 배치해야 한다.
II와 III에서 ㉢의 유전자형이 모두 FF이므로 P와 Q가 II, III일 경우,
ⓐ에서 나타날 수 있는 ㉠~㉢의 표현형이 최대 12가지가 될 수 없다.
따라서 P와 Q는 I과 IV 중 하나가 된다.

ⓐ의 표현형이 I과 같으려면 ㉠의 유전자형은 AB이어야 하고,
㉡의 유전자형은 EE이어야 하며, ㉢의 유전자형은 F_이어야 한다.
각 형질은 독립이므로 식은 $\dfrac{1}{4} \times \dfrac{1}{2} \times \dfrac{1}{2} = \dfrac{1}{16}$ 로 작성할 수 있다.

정답 : $\dfrac{3}{4}$

완전 우성 & 중간	복대립	다인자
(가)~(라)	X	X

[완전 우성&중간, 복대립] 유형이다.

(가)~(다)의 유전자는 하나의 상염색체 위에 있고, (리)의 유전자는 이와 독립된 상염색체 위에 있다.

(가)~(라)의 표현형이 모두 우성인 부모이므로 부모는 적어도 A , B , D , E를 한 개 이상씩 갖는다. 두 개의 염색체 위에 있으므로 $\dfrac{3}{16} = \dfrac{1}{4} \times \dfrac{3}{4}$ 로 분할 가능하며, 부모와 표현형이 같을 확률은 표현형이 전부 우성일 확률과 같다.

독립된 염색체에 있는 한 형질에 대하여 표현형이 우성인 부모 사이에서 우성 형질을 가지는 자손이 태어날 확률은 $\dfrac{1}{2}$ 보다 작을 수 없으므로, 부모가 모두 Ee가 되어 (라)의 유전자가 있는 염색체에서 $\dfrac{3}{4}$ 을 충족해야 한다.

ⓐ의 (가), (나), (다) 형질이 모두 우성일 확률이 $\dfrac{1}{4}$ 이므로 적어도 1가지 형질에서 열성 표현형이 나올 확률이 $\dfrac{3}{4}$ 이다.

부모의 좌우 염색체를 이용하여 만들 수 있는 4개의 염색체 조합 중 3개에서 열성 표현형이 등장하려면 부모의 그 어떤 형질에도 우성 동형 접합 유전자형이 존재할 수 없다. 부모는 모두 AaBbDd이다.

아버지와 어머니의 좌우 염색체에 배치되는 유전자를 각각 _ _ x _ _ 라고 표현할 때, 우열x우열, 우열x열우, 열우x우열, 열우x열우의 조합 중에 서로 다른 3종류를 선택하여 (가),(나),(다) 형질의 유전자형을 구성해야 ⓐ의 (가), (나), (다) 표현형이 모두 우성일 확률이 $\dfrac{1}{4}$ 이다.

어떤 식으로 3종류를 선택하든 간에 연관된 염색체에서 이형접합이 1개, 2개 나올 확률이 각각 $\dfrac{1}{2}$ 로 동일하다.

독립된 염색체에서는 이형접합이 1개, 0개 나올 확률이 $\dfrac{1}{2}$ 로 동일하므로,

ⓐ가 (가)~(라) 중 적어도 2가지 형질의 유전자형을 이형접합성으로 가질 확률은 $\dfrac{1}{2} \times \dfrac{1}{2} + \dfrac{1}{2} \times (\dfrac{1}{2} + \dfrac{1}{2}) = \dfrac{3}{4}$ 이다.

19 2023년 3월 교육청 13번

정답 : ㄱ, ㄷ

조건을 정리하자.

(1) 유전 형질 (가)는 상염색체 상에 존재하는 A, B, D에 의해서 총 4가지의 표현형으로 결정된다.
(2) AA와 AB인 사람의 표현형이 다르다.
(3) AD와 DD인 사람의 표현형이 다르다.

문제에서 요구하는 4가지의 표현형이 나오기 위해서는 A, B, D 사이의 관계가 완전 우성 유전과 중간 유전이 동시에 존재해야 하는 공동 우성 복대립이어야 한다.

(2)에서 AA와 AB인 사람의 표현형이 다르다는 것은 다음과 같이 두 가지 경우로 나뉠 수 있다.

Case 1. A = B, A와 B가 중간 유전인 경우
Case 2. A > B, A가 B에 대해서 완전 우성인 경우

(3)에서 AD와 DD인 사람의 표현형이 다르다는 것은 다음과 같이 두 가지 경우로 나뉠 수 있다.

Case 3. A = D, A와 D가 중간 유전인 경우
Case 4. A > D, A가 D에 대해서 완전 우성인 경우

공동 우성 복대립에 근거하여 가능한 Case를 다시 정리하면 아래와 같다.

Case	우열 관계
I	A = B > D
II	A = D > B

Case I. A = B > D의 경우에 유전자형이 AB인 아버지와 BD인 어머니 사이에서 표현형이 어머니와 같기 위해서는 아버지에게서 A를 받지 않으면 되는데, 그 확률이 $\frac{1}{2}$ 이므로 조건을 만족하지 못한다.

Case II. A = D > B의 경우에 유전자형이 AB인 아버지와 BD인 어머니 사이에서 표현형이 아버지 어머니 각각과 같을 확률은 $\frac{1}{4}$로 조건을 만족한다.

따라서 유전 형질 (가)의 우열 관계는 Case II로 확정된다.

이를 바탕으로 유전자형이 BD인 아버지와 AD인 어머니 사이에서 나타날 수 있는 ⓒ의 표현형은 다음과 같다.

ⓒ 표현형	ⓒ 유전자형
A_	AB
D_	DD, BD
AD	AD

따라서 ⓐ는 3이다.

ㄱ. (가)는 복대립 유전 형질이다. (○)
ㄴ. A는 D에 대해서 중간 유전이다. (X)
ㄷ. ⓐ는 3이다. (○)

20 2023년 7월 교육청 10번

정답 : ㄱ, ㄴ

조건을 정리하자.

(가)는 다인자 유전, 독립으로 제시되었다.
(나)는 완전 우성 유전으로, (가)와 독립으로 제시되었다.

어머니와 자녀 1은 (가)와 (나)의 표현형이 모두 같다.
아버지와 자녀 2는 (가)와 (나)의 표현형이 모두 같다.
자녀 2의 유전자형은 AaBBDd이다.

표를 토대로 알 수 있는 정보는 다음과 같다.

(1) ㉠~㉤의 대립 유전자 쌍을 다음과 같이 알 수 있다.
㉠~㉤은 모두 상염색체에 존재하는 대립유전자이기 때문에 아버지의 자료를 통해 ㉢과 ㉤이 대립유전자 쌍을 이룸을 알 수 있다. 다음으로 어머니의 자료를 통해서 ㉡과 ㉣이 대립유전자 쌍을 이룸을 알 수 있고, 자동으로 나머지 ㉠과 ㉣이 대립유전자 쌍을 이룬다.

(2) 자녀 1의 유전자형은 AaBbDd이다.

(3) 아버지와 어머니의 표현형을 알 수 있다.
여기서 어머니는 (가)에서 대문자로 표시되는 대립 유전자 2개와 대립 유전자 D를 갖으며, 아버지는 (가)에서 대문자로 표시되는 대립 유전자 3개와 대립 유전자 D를 갖는다.
따라서 대립 유전자 D는 아버지와 어머니에게 동시에 존재하므로 D로 가능한 대립 유전자는 ㉢과 ㉤이 있다.

귀류를 통해서 대립 유전자 D의 위치를 확정하자.

if) 대립 유전자 D가 ㉤에 위치

대립 유전자 D가 ㉤에 위치한다면,

(1)에 의해서 대립 유전자 d는 ㉢에 위치하게 된다.
(3)에 의해서 어머니는 대문자를 2개 가져야 하는데,
표에 제시된 정보를 고려하면 어머니는 ㉡ 또는 ㉣에서 대문자 유전자 하나를 무조건 갖는데,
나머지 ㉠ 또는 ㉣ 쌍에서 1개를 받을 수 없으므로 어떤 경우에라도 어머니는 대문자 유전자를 2개를 가질 수 없다.

그러므로, 이와 같은 경우에는 어머니의 표현형이 자녀 1과 같을 수 없으므로 불가능하다.

구성원	DNA 상대량					
	㉠	㉡	d	㉣	㉤	D
아버지	2	0	1	0	2	1
어머니	0	1	0	2	1	2
자녀 1	1	1	1	1	1	1

따라서 대립 유전자 D가 ㉤에 위치해야 함을 알 수 있다.

(3)에 의해서 아버지의 (가)의 대문자 유전자 개수와 어머니의 (가)의 대문자 유전자 개수를 맞추어 준다면 ㉠과 ㉥에 대문자 유전자형이 존재한다.

또, 문제 조건에서 제시된 자녀 2의 유전자형에 의하면 아버지와 어머니는 자녀에게 대립 유전자 B를 줄 수 있으므로, 아버지와 어머니가 공통으로 갖는 유전자인 ㉥이 B가 되어야 한다.

이를 바탕으로 문제에서 주어진 표를 확정지으면 다음과 같다.

구성원	DNA 상대량					
	A	d	b	a	D	B
아버지	2	0	1	0	2	1
어머니	0	1	0	2	1	2
자녀 1	1	1	1	1	1	1

ㄱ. ㉠은 A이다. (○)
ㄴ. (나)의 대립 유전자는 ㉡과 ㉤이다. (○)
ㄷ. 자녀 2의 동생이 태어나는 경우에,
이 아이의 (가)와 (나)의 표현형이 모두 어머니와 같을 확률은 $\frac{1}{2}$ 이다. (X)

정답 : $\dfrac{1}{8}$

완전 우성 & 중간	복대립	다인자
(나)	X	(가)

조건을 정리하면, (가)는 3쌍의 대립유전자 A와 a, B와 b, D와 d에 의해 결정되고,
(나)는 한 쌍의 대립 유전자 E, e에 의해 결정되는 중간 유전이다.

(1) P와 Q 사이에서 태어날 수 있는 (가)와 (나)의 표현형은 최대 15가지이다.
(2) 유전자형이 AaBbDdEe인 P와 Q의 (가)의 표현형이 같다.

(1)에서 15가지 표현형이 나타나려면,
(가)에서 5가지, (나)에서 3가지 표현형이 나와야 최대 표현형이 15가지가 된다.

자손에서 나타날 수 있는 (가)의 표현형이 5가지이기에 부모 P와 Q에서 이형 접합의 개수는 4개다.
P가 이형 접합을 3개 가지므로, Q는 이형 접합을 1개 갖는다.
(2)에 의해서 Q는 3개의 대문자를 가지므로,
Q의 유전자형은 임의로 XXYyzz로 놓을 수 있다.

(나)에서 3가지 표현형이 나오기 위한 Case는 Ee × Ee 이다.

따라서 @가 가질 수 있는 표현형에 대한 확률을 나타내면 다음과 같다.

(나) 표현형	(가) 표현형				
	1 ($\dfrac{{}_4C_0}{2^4}$)	2 ($\dfrac{{}_4C_1}{2^4}$)	3 ($\dfrac{{}_4C_2}{2^4}$)	4 ($\dfrac{{}_4C_3}{2^4}$)	5 ($\dfrac{{}_4C_4}{2^4}$)
EE ($\dfrac{1}{4}$)	$\dfrac{1}{16} \times \dfrac{1}{4}$	$\dfrac{1}{4} \times \dfrac{1}{4}$	$\dfrac{3}{8} \times \dfrac{1}{4}$	$\dfrac{1}{4} \times \dfrac{1}{4}$	$\dfrac{1}{16} \times \dfrac{1}{4}$
Ee ($\dfrac{1}{2}$)	$\dfrac{1}{16} \times \dfrac{1}{2}$	$\dfrac{1}{4} \times \dfrac{1}{2}$	$\dfrac{3}{8} \times \dfrac{1}{2}$	$\dfrac{1}{4} \times \dfrac{1}{2}$	$\dfrac{1}{16} \times \dfrac{1}{2}$
ee ($\dfrac{1}{4}$)	$\dfrac{1}{16} \times \dfrac{1}{4}$	$\dfrac{1}{4} \times \dfrac{1}{4}$	$\dfrac{3}{8} \times \dfrac{1}{4}$	$\dfrac{1}{4} \times \dfrac{1}{4}$	$\dfrac{1}{16} \times \dfrac{1}{4}$

유전자형이 AabbDdEe인 사람과 @의 표현형이 같을 확률은 $\dfrac{1}{8}$ 이다.

정답 : $\dfrac{1}{8}$

완전 우성 & 중간	복대립	다인자
(가), (나)	(다)	X

조건을 정리하면, 서로 다른 2개의 상염색체에 완전 우성 유전인 (가), 중간 유전인 (나), 복대립 유전인 (다)가 존재하고, 각각의 우열 관계를 표로 정리하면 다음과 같다.

유전 형질	우열 관계
(가)	A > a
(나)	B = b
(다)	D > E > F

(1) AaBb × AaBB 에서 나타날 수 있는 (가), (나)의 표현형은 최대 3가지이며, 이때 가능한 유전자형 중 AABBFF 가 존재한다.

(2) ⓐ가 표현형이 Q와 같을 확률이 $\dfrac{1}{8}$ 이다.

(1)에서 유전 형질 (가)와 (나)가 독립이라면 표현형이 3가지일 수 없으므로 (가)와 (나)는 동일한 염색체에 존재하고, (다)가 독립으로 존재한다.

① (가)와 (나)의 유전자 구성 파악

AaBb × AaBB 에서 가능한 연관 Case는 다음과 같다.

Case 1.

A ‖ a   /   A ‖ a
b ‖ B   B ‖ B

가능한 표현형은 A_ 인 경우가 2가지, aa가 1가지로 3가지다.
하지만 해당 Case에서 자녀의 유전자형이 AABB은 불가능하다.

Case 2.

A ‖ a   /   A ‖ a
B ‖ b   B ‖ B

가능한 표현형은 A_ 인 경우가 2가지, aa가 1가지로 3가지다.

해당 Case에서 자녀의 유전자형은 AABB가 가능하다.

② (다)에 대한 부모의 유전자형 파악

(1)에서 자녀가 가능한 유전자형에 AABBFF가 있기 위해서는 부모가 모두 유전자 F를 최소한 1개는 가져야 한다.

ⓐ와 Q의 (가), (나)의 표현형이 같을 확률이 $\frac{1}{2}$이므로 (다)가 같을 확률은 $\frac{1}{4}$이다.

편의상 P의 유전자형을 XF, Q의 유전자형을 YF라 하면, 가능한 유전자형은 다음과 같다.

P	Q	
	Y	F
X	XY	XF
F	YF	FF

여기서 Q의 표현형인 Y_가 1개만 성립하기 위한 우열 관계는 다음과 같다.

X > Y > F

ⓐ의 표현형이 모두 P와 같을 확률은 $\frac{1}{4} \times \frac{1}{2} = \frac{1}{8}$ 이다.

정답 : $\dfrac{1}{32}$

완전 우성 & 중간	복대립	다인자
○	○	X

조건을 정리하자.
먼저, 유전 형질 (가) ~ (다)의 우열 관계를 표로 나타내면 다음과 같다.

유전 형질	우열 관계
(가)	A > a
(나)	B = b
(다)	D > E > F

(1) P와 Q 사이에서 태어나는 자녀의 표현형이 P와 같을 확률이 $\dfrac{3}{16}$ 이다.

(2) ⓐ가 유전자형이 AAbbFF인 사람과 표현형이 모두 같을 확률이 $\dfrac{3}{32}$ 이다.

여기서 (2) 조건을 통해서 엄마는 b와 F를 무조건 지님을 알 수 있다.

(1)과 (2)에서 공통적으로 제시하는 것은 표현형이 동일할 확률이다.
이를 바탕으로 확률에 기반하여 접근해보자.

먼저 (2)에서 말하는 $\dfrac{3}{32}$ 라는 확률은 $\dfrac{3}{32} = \dfrac{3}{4} \times \dfrac{1}{4} \times \dfrac{1}{2}$ 여기서 $\dfrac{3}{4}$ 이 어떤 경우에 나올 수 있는지를 바탕으로 Case를 분류해보자.

$\dfrac{3}{4}$ 이 나올 수 있는 경우의 수는 상&우성 형질에서 부모가 모두 이형 접합인 경우에 자손에서도 우성 표현형이 발현될 확률 혹은, 복대립 유전에서 마찬가지로 부모 모두가 최우성 형질을 갖는 동시에 이형 접합이거나 2번째로 우성인 형질을 부모가 모두 이형 접합으로 갖는 경우에 자손의 표현형이 부모와 같을 확률이 된다.

위의 경우의 수에서 P의 유전자형인 AaBbDF와 알려진 Q의 유전자형에서 $\dfrac{3}{4}$ 라는 확률은 오직 (가)에 대해서 Q가 Aa를 가지는 경우에 대해서만 가능하다.
또, 문제 조건에서 P와 Q의 (나)에 대한 표현형이 서로 다르다는 조건을 바탕으로 Q가 bb이다.

(나)를 만족시킬 확률이 $\frac{1}{2}$이므로, (다)에서 $\frac{1}{4}$을 만족시켜야 한다.

여기서 Q의 유전자형은 FF가 아님을 알 수 있다.

따라서 이를 바탕으로 Q의 유전자형은 Aabb_F가 된다.

(1)에 의해서 P와 Q 사이에서 태어나는 자녀의 표현형이 P와 같을 확률이 $\frac{3}{16}$인데, 위에서 파악한 P와 Q의 (가)와 (나)에 대한 확률을 계산하면 각각 $\frac{3}{4}$, $\frac{1}{2}$이므로 (다)에서 $\frac{1}{2}$을 만족시켜줘야 한다.

이를 위해서는 Q가 D를 갖지 않아야 하므로 유전자형은 EF이다.

Q의 유전자형은 AabbEF가 된다.

AaBbDF × AabbEF의 자녀 ⓐ의 유전자형이 aabbDF이기 위한 확률을 계산하면 $\frac{1}{4} \times \frac{1}{2} \times \frac{1}{4} = \frac{1}{32}$이다.

memo

01 2014학년도 9월 평가원 17번

정답 : ㄴ

조건을 정리하면, (가)와 (나)를 결정하는 유전자는 서로 다른 염색체에 존재한다.

(1) 2의 (가)에 대한 유전자형은 이형 접합성이다.
(2) ㉠은 (가)와 (나)의 유전자형이 모두 열성 동형 접합성이다.

가계도 분석을 통해 나머지를 추론하자.

3의 부모는 모두 (가)가 발현되었는데 3은 (가)가 발현되지 않았다.
따라서 (가)는 우성 형질이다. ((가) 〉 정상)
1의 부모는 모두 (나)가 발현되지(않았는데 1의 남동생 중 한 명에게서 (나)가 발현되었다.
따라서 (나)는 열성 형질이다. (정상 〉 (나))

1의 동생과 1의 어머니의 관계에서 (가)를 결정하는 유전자가 성염색체에 존재하지 않음을 알 수 있다.
따라서 (가)는 상염색체 우성 유전이다.
2와 2의 아버지의 관계에서 (나)를 결정하는 유전자가 성염색체에 존재하지 않음을 알 수 있다.
따라서 (나)는 상염색체 열성 유전이다.

이를 바탕으로 가계도 구성원의 유전자형을 표기하면 다음과 같다.

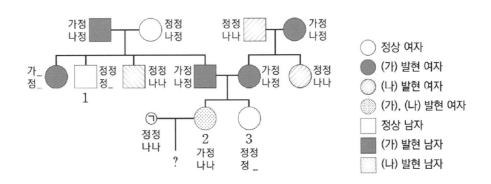

ㄱ. 1에서 (가)의 유전자형은 동형 접합성이다. (X)

ㄴ. 3의 동생에게서 (가), (나)가 발현될 확률은 각각 $\frac{3}{4}$, $\frac{1}{4}$이므로, 모두 발현될 확률은 $\frac{3}{16}$이다. (○)

ㄷ. ㉠과 2 사이에서 아이가 태어날 때, 이 아이가 (가), (나)에 대해 ㉠과 같은 유전자형을 가질 확률은 $\frac{1}{2}$이다. (X)

정답 : ㄴ

조건을 정리하면, ⊙은 유전자 T와 T*에 의해 결정되고, T와 T*는 각각 정상, 유전병 유전자이다.

(1) 구성원 1과 2는 T와 T* 중 한 가지만을 가진다.
(2) 2와 5의 ABO식 혈액형의 유전자형은 같다.
(3) 가계도 구성원 일부의 ABO식 혈액형에 대한 혈액 응집 반응 결과는 다음과 같다.

구분	1의 적혈구 (A)	3의 적혈구	4의 적혈구
1의 혈장(β)	–	–	+
3의 혈장	+	–	+
4의 혈장	–	ⓐ	–

부모의 ⊙ 표현형이 같은데 자손이 다른 경우는 없다.
5와 5의 아버지로부터 ⊙이 성&우성 형질이 아님을 알 수 있다.
(1)에서 ⊙이 상염색체에 존재한다면, 자손의 표현형은 우성 형질로 항상 같아야 한다.
그러나 3과 4에서 ⊙의 표현형이 다르므로 모순이다.
따라서 ⊙은 성염색체에 존재하고, 유전병 유전자가 정상 유전자에 대해 열성이다. (T 〉 T*)

(3)에서 3의 혈장은 응집원 A와 응집하므로 응집소 α를 가진다.
그러나 3의 적혈구와 응집소 β는 응집하지 않으므로 3의 적혈구는 응집원 B를 가지지 않는다.
따라서 3의 ABO식 혈액형은 O형이다.
마찬가지로 4는 응집소 α를 가지지 않고, 응집원 B를 가지므로 AB형이다.
2의 ABO식 혈액형은 자연스럽게 B형이 된다.
(2)에서 5의 ABO식 혈액형의 유전자형은 BO이다.

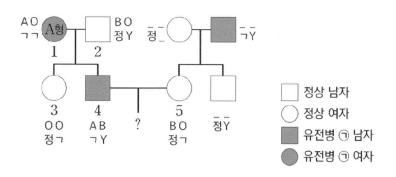

ㄱ. 4의 혈장에는 응집소가 존재하지 않으므로 ⓐ는 –이다. (X)
ㄴ. 3과 5는 모두 T*를 갖고 있다. (○)
ㄷ. 4와 5 사이에서 태어난 아이가 A형일 확률과 유전병 ⊙인 아들일 확률은 모두 $\frac{1}{4}$이므로

$\frac{1}{16}$이다. (X)

정답 : ㄱ, ㄴ, ㄷ

조건을 정리하면, ABO식 혈액형과 형질 ㉠, ㉡을 결정하는 유전자는 모두 같은 상염색체에 존재한다.

(1) 1과 4에서 ABO식 혈액형의 유전자형은 이형 접합성이고,
    3에서 ㉡의 유전자형은 이형 접합성이다.

1과 2 모두 ㉠이 발현되었는데 4의 형은 ㉠이 발현되지 않았으므로 ㉠은 우성 형질이다. (㉠ 〉 정상)

1과 2 모두 ㉡이 발현되지 않았는데 4의 형은 ㉡이 발현되었으므로 ㉡은 열성 형질이다. (정상 〉 ㉡)
문제에서 ㉠과 ㉡은 상염색체에 존재한다고 제시했으므로 더 확인할 필요 없이 가계도를 완성하자.

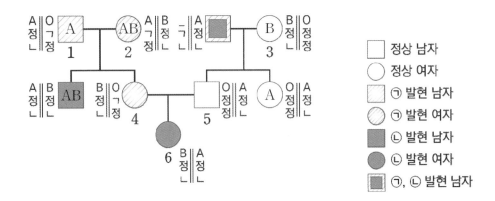

ㄱ. 2와 4는 ㉠에 대한 유전자형이 같다. (○)

ㄴ. 5의 혈액형은 A형이다. (○)

ㄷ. 6의 동생이 태어날 때,
    이 동생에게서 ㉠과 ㉡ 중 어느 것도 발현되지 않고 혈액형이 B형일 확률은 0.25이다. (○))

04 2015학년도 수능 20번

정답 : ㄱ, ㄴ, ㄷ

조건을 정리하면, ㈀은 T와 T*에 의해 결정되고 T는 T*에 대해 완전 우성이다.

㈁은 R과 R*에 의해 결정되고 R은 R*에 대해 완전 우성이다.
㈀을 결정하는 유전자는 ABO식 혈액형의 유전자와 같은 상염색체에 존재한다.

(1) 2와 3 각각은 R과 R* 중 한 가지만 가지고 있다.
(2) 1과 5의 ABO식 혈액형의 유전자형은 같으며,
    2의 ABO식 혈액형의 유전자형은 동형 접합성이다.
(3) 3의 ABO식 혈액형은 A형이고, 가계도 구성원 일부의 혈액 응집 반응 결과는 다음과 같다.

구분	1의 적혈구	2의 적혈구	4의 적혈구
1의 혈청	−	−	−
2의 혈청	+	−	+
4의 혈청	+	+	−

7의 부모에서 ㈀이 발현지 않았지만,
7에선 ㈀이 발현되지 않았으므로 ㈀은 열성 형질이다. (정상 〉㈀)

(1)에서 R과 R*이 상염색체에 존재한다면, 자손의 ㈁에 대한 형질은 항상 같아야 한다.
따라서 ㈁을 결정하는 유전자는 성염색체에 존재한다.
6과 6의 어머니의 관계에서 ㈁은 열성 형질임을 알 수 있다. (정상 〉㈁)

(2)에서 2의 ABO식 혈액형의 유전자형이 동형 접합성이므로, 2는 A형, B형, O형 중 하나이다.
2가 O형이라면 2의 적혈구는 응집원을 가지고 있지 않으므로 4의 혈청과 응집할 수 없다.
따라서 2의 ABO식 혈액형의 유전자형은 AA 혹은 BB이고, 5는 2로부터 A 혹은 B를 받는다.

1과 5의 ABO식 혈액형의 유전자형이 같으므로, 1은 2와 혈액형이 같거나 AB형이다.
(3)에서 1의 적혈구와 2의 혈청이 응집하므로 1은 2와 같은 혈액형이 아니다. 1과 5는 AB형이다.
5가 AB형이고 3이 A형이므로 5는 2로부터 B를 받았다. 2는 B형이다.
2의 적혈구와 4의 혈청이 응집하므로, 4는 응집소 β를 가진다.
4의 적혈구가 2의 혈청과 응집하므로 4는 O형이 아닌 A형이다.

자료를 통해 정보를 다 알아냈으니 가계도 구성원의 유전자형을 채워보자.

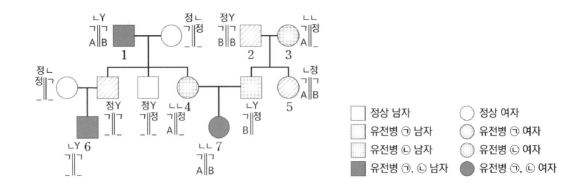

ㄱ. 이 가계도의 구성원은 모두 T*를 가진다. (◯)

ㄴ. 7의 ABO식 혈액형은 AB형이다. (◯)

ㄷ. 6의 동생이 태어날 때, 이 동생에게서 ㉠과 ㉡이 모두 나타날 확률은 $\dfrac{1}{4} \times \dfrac{1}{2} = \dfrac{1}{8}$이다. (◯)

정답 : ㄱ, ㄴ, ㄷ

조건을 정리하면, ㉠과 ㉡을 결정하는 유전자는 서로 다른 염색체에 존재한다.

부모의 표현형이 같은데 자손과 다른 경우는 없다.
1과 1의 딸의 관계에서 ㉠은 성&열성 형질이 아니다.
6과 6의 딸의 관계에서 ㉠은 성&우성 형질이 아니다.
1과 1의 딸의 관계에서 ㉡은 성&우성 형질이 아니다.
6과 6의 딸의 관계에서 ㉡은 성&열성 형질이 아니다.
따라서 ㉠과 ㉡을 결정하는 유전자는 상염색체에 존재한다.

2의 A의 DNA 상대량이 2인데 ㉠이 발현되었으므로 A는 유전병 유전자, A*는 정상 유전자이다.
6의 A의 DNA 상대량이 1이므로 6의 ㉠에 대한 유전자형은 AA*이다.
이때 6에선 ㉠이 발현되었으므로 ㉠은 우성 형질이다. (㉠ 〉 정상)

3의 B의 DNA 상대량이 2인데 ㉡이 발현되지 않았으므로
B는 정상 유전자, B*는 유전병 유전자이다.
4의 B의 DNA 상대량이 1이므로 4의 ㉡에 대한 유전자형은 BB*이다.
이때 4에선 ㉡이 발현되지 않았으므로 ㉡은 열성 형질이다. (정상 〉 ㉡)

이를 바탕으로 가계도를 완성하면 다음과 같다.

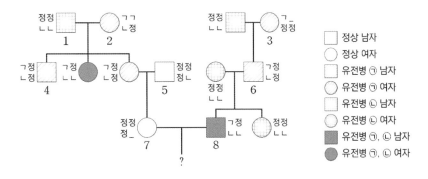

7의 ㉡의 유전자형이 확정되지 않으므로 유전자형에 대한 확률을 먼저 계산하자.

7의 ㉡의 유전자형이 (정/정)일 확률이 $\frac{1}{3}$,

(정/ㄴ)일 확률이 $\frac{2}{3}$인데, 7의 아이에게서 ㉡이 발현되기 위해선

7의 ㉡의 유전자형이 (정/ㄴ)이어야 한다.

따라서 7과 8 사이에서 태어난 아이에게서 ㉠과 ㉡이 모두 나타날 확률은 $\frac{1}{2} \times \frac{2}{3} \times \frac{1}{2} = \frac{1}{6}$이다.

→ ㄷ 정답

ㄱ. ㉠은 우성 형질이다. (○)
ㄴ. B와 B*는 상염색체에 존재한다. (○)

정답 : ㄱ

조건을 정리하면, ㉠~㉢을 결정하는 유전자는 같은 염색체에 존재하고,
A는 A*에 대해 완전 우성이다.

이 가계도에서 부모의 표현형이 같은데 자손에서 다른 경우는 없다.
2와 7의 B의 DNA 상대량이 1로 같은데 둘의 ㉡에 대한 표현형이 다르므로
㉠~㉢을 결정하는 유전자는 성염색체에 존재함을 알 수 있다.

이제 추론해야 할 정보는 ㉠~㉢의 우/열과 정상 유전자, 유전병 유전자의 Matching이다.

각 형질의 우/열 여부를 먼저 찾아보자.
1과 1의 딸의 관계에서 ㉠은 성&우성 형질이 아니므로, 성&열성 형질이다. (정상 〉㉠)
3과 6의 관계에서 ㉡은 성&열성 형질이 아니므로, 성&우성 형질이다. (㉡ 〉정상)
3과 6의 관계에서 ㉢은 성&우성 형질이 아니므로, 성&열성 형질이다. (정상 〉㉢)

A가 A*에 대해 우성이므로, A는 정상 유전자, A*은 유전병 유전자이다.
5의 B의 DNA 상대량이 2인데 ㉡이 나타나지 않았으므로 B는 정상 유전자이다.
8의 C의 DNA 상대량이 2인데 ㉢이 나타났으므로 C는 유전병 유전자이다.

이제 가계도 구성원의 유전자형을 찾아보자.

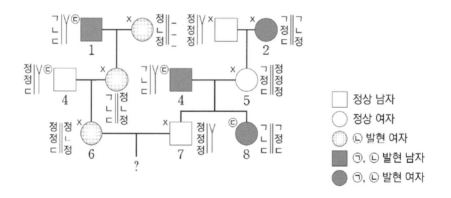

ㄱ. ㉢은 열성 형질이다. (○)
ㄴ. 5는 A(정상 유전자)와 C(유전병 유전자)가 연관된 염색체를 가지고 있지 않다. (X)
ㄷ. 6과 7은 ㉠의 유전병 유전자를 갖지 않으므로, 아이에게서 ㉠과 ㉡이 모두 발현될 확률은 0이다.
(X)

정답 : ㄴ

㉠, ㉡ 중 하나만 ABO식 혈액형 유전자와 연관되어 있다.
연관된 유전자를 찾고. 추가적인 조건은 가계도 그림의 표현형 조건뿐이므로 이를 해석한다.

가계도에 ABO식 혈액형의 표현형이 적혀있으므로 유전자형을 쉽게 결정할 수 있다.

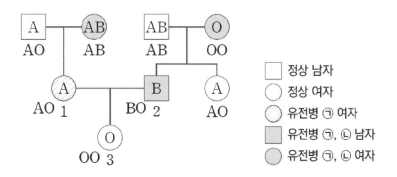

1과 2에서 ㉠이 발현되었는데, 3은 정상 표현형이 발현되었다.
→ ㉠은 우성 형질이다. (㉠ 〉 정상)
2&3 관계에서 ㉠, ㉡은 성&우성이 아님을 알 수 있다.
→ ㉠은 성&우성이 아닌데, 우성 형질로 판단되었다.
따라서 ㉠은 상&우성이다.

가계도 그림에서 얻은 정보는 ㉠이 상&우성이라는 점과 ㉡은 성&우성이 아니라는 점이다.
더 이상 해석할 수 있는 정보가 없으므로 어쩔 수 없이 귀류를 해야 하는데,
정보가 더 많은 ㉠쪽을 먼저 귀류한다.

귀류 : ㉠이 ABO식 혈액형 유전자와 연관된 경우 (㉠ 〉 정상, with ABO)

㉠이 우성 병이므로, 2가 가진 ㉠유전자는 어머니로부터 받았고, 어머니가 O형이므로 O&㉠이 연관된
채로 전달되었다.
이때, 3이 O형이므로 2는 3에게 O&㉠을 전달해야만 한다. (B를 전달할 수 없으므로)
그런데 3의 ㉠에 대한 표현형이 정상이므로, 모순이다.

따라서 ㉠은 ABO식 혈액형 유전자와 연관되지 않았다.
→ ABO식 혈액형 유전자와 연관된 것은 ㉡이다.

귀류 : ⓛ의 우/열 찾기

ⓛ의 우열을 찾기 위해서는 먼저 ABO식 혈액형 유전자와 연관되어 있다는 점을 이용하여
가계도 구성원들의 유전자형을 결정해야 한다.
ⓛ이 우성 형질이라면, (3)의 귀류와 마찬가지로 O&ⓛ이 연관된 염색체가 3으로 전달되었는데도
3에서는 ⓛ이 발현되지 않으므로 모순이다.
ⓛ은 열성 형질이고(정상 〉 ⓛ), 가계도 구성원들의 유전자형은 다음과 같이 결정할 수 있다.

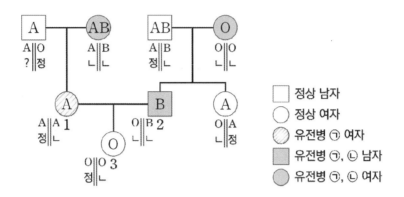

ㄱ. ㉠의 유전자는 ABO식 혈액형 유전자와 연관되어 있지 않다. (X)

ㄴ. 2에서 ⓛ의 유전자형은 동형 접합성이다. (O)

ㄷ. 3의 동생이 태어날 때, 이 아이에게서 ㉠과 ⓛ 중 ⓛ만 나타날 확률은 $\frac{1}{8}$이다. (X)

정답 : ㄴ, ㄷ

조건을 정리하면, (가)는 다인자 유전으로 3개의 대립유전자에 의해 결정되며,
3개의 유전자는 서로 다른 2개의 상염색체에 존재한다.
가계도 구성원 1~6의 유전자형은 모두 $AaBbDd$이다.

(1) 5의 동생이 태어날 때, 이 아이에게서 나타날 수 있는 (가)의 표현형은 최대 7가지이다.
(2) 6의 동생이 태어날 때, 이 아이에게서 나타날 수 있는 (가)의 표현형은 최대 3가지이다.

(1)에서 7가지 표현형은 (MAX/min) = (6/0)인 경우만 가능하다.
따라서 1과 2의 유전자형의 연관 여부를 살펴보면 다음과 같이 나타낼 수 있다.

$$1 \parallel 0 \qquad\qquad 1 \parallel 0 \quad / \quad 1 \parallel 0 \qquad\qquad 1 \parallel 0$$
$$1 \parallel 0 \qquad\qquad\qquad\qquad\qquad 1 \parallel 0$$

(2)에서 3가지 표현형은 독립되어 있는 1개의 유전자만으로도 가능하다.
따라서 3과 4의 연관되어 있는 두 개의 유전자를 가지는 염색체에서 대문자로 표시되는 대립유전자
수는 모두 1로 같다.

$$1 \parallel 0 \qquad\qquad 1 \parallel 0 \quad / \quad 1 \parallel 0 \qquad\qquad 1 \parallel 0$$
$$0 \parallel 1 \qquad\qquad\qquad\qquad\qquad 0 \parallel 1$$

가계도에 유전자형을 표시하면 다음과 같다.

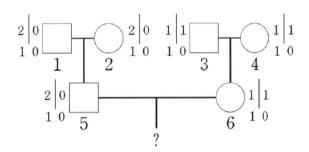

ㄱ. (가)의 유전은 다인자 유전이다. (X)

ㄴ. 6의 동생이 태어날 때, 이 아이의 (가)의 표현형이 6과 다를 확률은 $\dfrac{1}{2}$이다. (○)

ㄷ. 5와 6 사이에서 아이가 태어날 때, 이 아이에게서 나타날 수 있는 (가)의 표현형은
   5~1까지 최대 5가지이다. (○)

정답 : ㄱ, ㄴ, ㄷ

조건을 정리하면, ㉠은 H와 H*에 의해 결정되며 H는 H*에 대해 완전 우성이다.
㉡은 T과 T*에 의해 결정되며 T은 T*에 대해 완전 우성이다.

(1) 2의 ㉠에 대한 유전자형은 동형 접합성이다.
(2) 1과 3의 혈액은 항 B혈청에 응집 반응을 나타내지 않는다.
(3) 7의 ABO식 혈액형은 AB형이다.

6과 7에선 ㉡이 발현되지 않았지만, 8에선 ㉡이 발현되었으므로 ㉡은 열성 형질이다. (정상 〉 ㉡)

(1)에서 2의 ㉠에 대한 유전자형은 동형 접합성인데, 5와 6에서 ㉠의 표현형이 다르게 발현되었으므로
㉠은 열성 형질임을 알 수 있다. (정상 〉 ㉠)
1과 5의 관계에서 ㉠은 성&열성 형질이 아니므로, ㉠은 상&열성 형질이다.

ABO식 혈액형의 유전자와 연관되어 있는 유전 형질을 결정하기 위해 가계도 구성원의 ABO식 혈액
형을 Matching하자.

(2)에서 1은 응집원 B를 가지고 있지 않다는 것을 알 수 있다.
따라서 1의 ABO식 혈액형은 A형 or O형인데,
1의 적혈구와 5의 혈청이 응집 반응을 일으켰으므로 1은 O형일 수 없다.

6의 혈청이 1의 적혈구와 응집 반응을 일으키므로 6의 혈청에는 응집소 α가 존재한다.
6의 적혈구가 1의 혈청과 응집 반응을 일으키므로 6 역시 O형일 수 없다.
6의 ABO식 혈액형은 B형이다.

5의 혈청이 A형인 1, B형인 6의 적혈구와 모두 응집 반응을 일으키므로 5의 ABO식 혈액형은 O형
이다.

1, 2, 5, 6에서 ABO식 혈액형의 유전자와 ㉠을 결정하는 유전자가 같은 염색체에 있다고 가정하자.

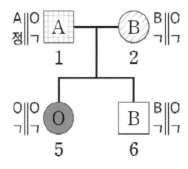

6은 ㉠을 발현하는 유전자를 동형 접합성으로 가지지만 ㉠을 나타내지 않으므로 모순이다.
따라서 ABO식 혈액형의 유전자는 ㉡을 결정하는 유전자와 같은 염색체에 존재한다.

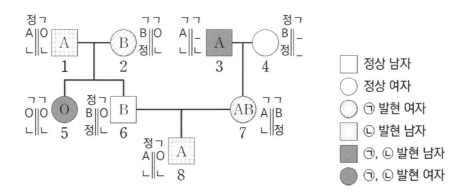

ㄱ. 8의 ABO식 혈액형은 A형이다. (◯)

ㄴ. 이 가계도의 구성원 중 H(정상 유전자)와 T(정상 유전자)를 모두 가진 사람은 2명이다. (◯)

ㄷ. 8의 동생이 태어날 때, 이 아이에게서 ㉠과 ㉡ 중 ㉠만 발현될 확률은 $\dfrac{1}{2} \times \dfrac{3}{4} = \dfrac{3}{8}$ 이다. (◯)

10 2018학년도 수능 17번

정답 : ㄱ

조건을 정리하면, (가), (나), (다)는 각각 A와 A*, B와 B*, D와 D*에 의해 결정되며
A는 A*에 대해, B는 B*에 대해, D는 D*에 대해 완전 우성이다. (가)와 (다)를 결정하는 유전자는
같은 염색체에 있고, (나)를 결정하는 유전자와는 다른 염색체에 있다.

(1) 1은 D와 D* 중 한 종류만 가지고 있다.

2와 5의 관계에 의해 (가)는 성&열성 형질이 아니다.
3과 7의 관계에 의해 (가)는 성&우성 형질이 아니다.
따라서 (가)와 (다)를 결정하는 유전자는 상염색체에 존재한다.

(가)를 결정하는 유전자가 상염색체에 존재하므로, ⓐ=1이고 ㉠과 ㉡은 모두 A를 가진다.
1, 2, 5 중 (가)의 표현형이 다른 2가 A를 가지지 않는 ㉢이다.
5는 2로부터 A*을 받으므로 ㉠이고, 1은 ㉡이다.
A*만 가지는 2에서 (가)가 발현했으므로 (가)는 열성 형질이다. (정상 〉(가))

(1)에서 1은 D와 D* 중 한 종류만 가지는데,
자손들과 표현형이 다르므로 D*를 동형 접합성으로 가진다. (다)는 열성 형질이다. (정상 〉(다))

㉣는 B*를 가지지 않으므로 B를 적어도 1개 이상 가진다.
이때 ㉤이 B를 가진다면, 3, 4, 8의 (나)에 대한 표현형이 모두 같아야 할 것이다.
따라서 ㉤은 B를 가지지 않고 (나)는 성염색체에 존재함을 알 수 있다.
㉤이 B를 가지지 않으므로 ⓑ=0이다. ㉤은 3이고, 8은 ㉣일 수 없으므로 ㉥이다.

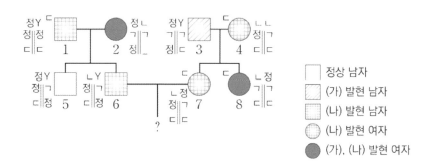

3과 8의 관계에서 (나)는 성&열성이 아니므로 성&우성이다.

ㄱ. ⓐ + ⓑ = 1이다. (○)

ㄴ. 구성원 1~8 중 A(정상 유전자), B(유전병 유전자), D(정상 유전자)를 모두 가진 사람은 1명이다.
(X)

ㄷ. 6과 7 사이에서 남자 아이가 태어날 때,

이 아이에게서 (가)~(다) 중 (나)와 (다)만 발현될 확률은 $\frac{1}{2} \times \frac{1}{2} = \frac{1}{4}$이다. (X)

정답 : ㄱ, ㄷ

조건을 정리하면, ㉠은 H와 H*에 의해 결정되며 H는 정상 유전자, H*는 유전병 유전자이다. ㉠의 유전자와 ABO식 혈액형 유전자는 연관되어 있다.

(1) 1, 3, 5의 ABO식 혈액형은 A형, 6의 ABO식 혈액형은 B형이다.
(2) 구성원 1의 ABO식 혈액형에 대한 유전자형은 동형 접합성이다.

1과 2에서는 ㉠이 발현되었지만, 3에서는 발현되지 않았으므로 ㉠은 우성 형질이다. (㉠ 〉 정상) ㉠의 우/열과 성/상 여부를 모두 파악했으니 가계도 구성원의 ABO식 혈액형을 살펴보자.

(1)에서 6은 B형이므로, A형인 5로부터 O를 받고 4로부터 B를 받아야 한다.

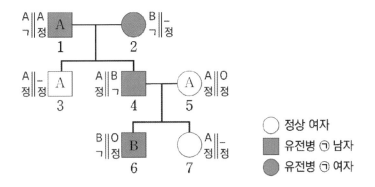

ㄱ. 4의 ABO식 혈액형은 AB형이다. (○)

ㄴ. 6의 H*(유전병 유전자)는 2로부터 물려받은 유전자이다. (X)

ㄷ. 7의 동생이 태어날 때,

이 아이에게서 ㉠은 나타나지 않고 ABO식 혈액형이 A형일 확률은 $\frac{1}{2}$이다. (○)

정답 : ㄴ

조건을 정리하면, ㉠은 A와 A*에 의해 결정되며 A는 A*에 대해 완전 우성이다.

㉡은 B와 B*에 의해 결정되며 B는 B*에 대해 완전 우성이다.

두 유전 형질의 연관 여부는 제시되지 않았다.

(1) $\dfrac{1,2,5\,각각의\,체세포\,1개당\,A*의\,DNA\,상대량을\,더한\,값}{3,6,7\,각각의\,체세포\,1개당\,A*의\,DNA\,상대량을\,더한\,값} = 1$

(2) 체세포 1개당 B*의 DNA 상대량은 2에서가 5에서보다 크다.

(3) 5에서 생식세포가 형성될 때, 이 생식세포가 A와 B*을 모두 가질 확률은 $\dfrac{1}{2}$이다.

이 가계도에서 부모의 표현형이 같은데 자손과 다른 경우는 없고,

1과 5의 관계에서 ㉠은 성&열성 형질이 아님을 알 수 있다.

3과 7의 관계에서 ㉡은 성&우성 형질이 아님을 알 수 있다.

가계도에서 정보를 더 찾긴 힘드니 남은 조건을 사용하자.

(2)에서 2가 5보다 B*을 더 많이 가져야 하므로 (2/1), (2/0), (1,0)이 가능하다.

5가 B*을 가지지 않으면 5의 ㉡의 유전자형은 BB이다.

이때 5는 1과 2로부터 B를 하나씩 받으므로 1과 2는 모두 B를 가져야 한다.

1과 2의 ㉡의 표현형이 다르므로 이는 모순이다.

따라서 2의 ㉡의 유전자형은 B*B*이고, 5의 ㉡의 유전자형은 BB*이다.

(3)에서 5의 ㉡의 유전자형은 BB*이므로,

생식세포가 A와 B*을 모두 가질 확률이 $\dfrac{1}{2}$이 되려면 다음 두 가지 Case가 가능하다.

㉠과 ㉡의 유전자가 다른 염색체에 존재하고, 5의 ㉠의 유전자형이 AA인 경우.

㉠과 ㉡의 유전자가 같은 염색체에 존재하고, 5에서 A와 B*가 같은 염색체에 존재하는 경우.

Case 1에서는 5의 ㉠의 유전자형이 AA이므로, 부모로부터 A를 한 개씩 받아야 한다.

이때 부모인 1과 2의 ㉠의 표현형이 다르므로 모순이다.

따라서 ㉠과 ㉡의 유전자는 같은 염색체에 존재한다.

5는 A를 적어도 1개 가지는데 ㉠이 발현되었으므로 ㉠은 우성 형질이다.

(1)에서 ㉠이 상염색체에 존재한다면 3, 6, 7의 A*의 DNA 상대량의 합은 5이다.

1, 2, 5에서 A*의 DNA 상대량의 합이 5가 되려면 2명의 ㉠의 유전자형이 A*A*가 되어야 하는데,

이 경우 ㉠이 발현되지 않은 사람이 그 두 명이어야 한다.

그러나 1, 2, 5 중 두 명에게서 ㉠이 발현되었으므로 ㉠과 ㉡은 성염색체에 존재한다.

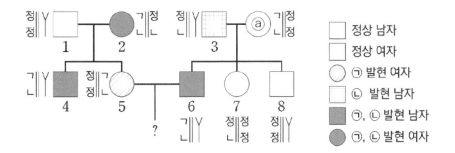

(1)을 통해 2의 ㉠의 유전자형이 AA*임을 알 수 있다.

ㄱ. ㉠은 우성 형질이다. (X)

ㄴ. 2와 ⓐ는 ㉡에 대한 유전자형이 서로 다르다. (○)

ㄷ. 5와 6 사이에서 아이가 태어날 때, 이 아이에게서 ㉠과 ㉡이 모두 발현될 확률은 $\frac{1}{2}$이다. (X)

13 2019학년도 수능 19번

정답 : ㄴ, ㄷ

조건을 정리하면, (가)는 T와 T*에 의해 결정되며 T는 T*에 대해 완전 우성이다.

(가)의 유전자는 ABO식 혈액형 유전자와 연관되어 있다.
(1) 자녀 1의 (가)에 대한 유전자형은 동형 접합성이다.
(2) 자녀 3과 혈액형이 O형이면서 (가)가 발현되지 않은 남자 사이에서 A형이면서
    (가)가 발현된 남자 아이가 태어났다.

아버지와 어머니에선 (가)가 발현되지 않았는데 자녀 2에선 (가)가 발현되었다. (가)는 열성 형질이다.

(2)를 가계도에서 나타내면 다음과 같다.

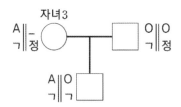

자녀 3은 A와 (가)의 유전병 유전자가 연관되어 있는 염색체를 가진다.
이를 토대로 남은 가족 구성원의 유전자 구성을 채우자.

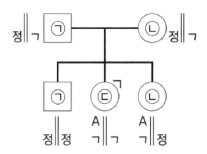

자녀 2와 3에서 ⓛ과 ⓒ은 AB형과 A형 중 하나임을 알 수 있다.
따라서 ㄱ은 O형과 B형 중 하나이다.

ㄱ이 O형이라면 아버지의 ABO식 혈액형의 유전자형은 OO, 어머니의 유전자형은 AB or AO이다.
어머니의 유전자형이 무엇이든 자손에게서 3종류의 ABO식 혈액형이 나타날 수 없으므로 모순이다.
따라서 ㄱ은 B형이다.
아버지에게서 자녀 3에게 B를 확정적으로 물려주기 때문에,
ⓛ은 AB형이 되고 나머지 ⓒ이 A형이 된다.
자녀 2가 A형이므로 아버지의 유전자형은 BO가 된다.
자녀 1의 유전자형은 BB인 것으로 결정되어 가계도가 완성된다.

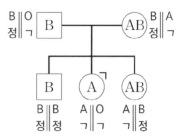

ㄱ. ⓛ은 AB형이다. (X)

ㄴ. 아버지와 자녀 1의 ABO식 혈액형에 대한 유전자형은 서로 다르다. (○)

ㄷ. ⓐ의 동생이 태어날 때, 이 아이의 혈액형이 A형이면서 (가)가 발현되지 않을 확률은 $\frac{1}{4}$이다. (○)

정답 : ㄴ

조건을 정리하면, (가), (나), (다)는 각각 H와 H*, R과 R*, T와 T*에 의해 결정되며, H, R, T는 각각 H*, R*, T*에 대해 완전 우성이다.

(가)와 (나) 중 하나만 (다)와 성염색체에 연관되어 있고, (다)는 열성 형질이다. (정상 〉 (다))
(1) 체세포 1개당 H의 DNA 상대량은 1과 ⓐ가 서로 같다.

2와 6의 관계에서 ㉠은 성&열성 형질이 아님을 알 수 있다.
3과 7의 관계에서 ㉠은 성&우성 형질이 아님을 알 수 있다.
따라서 ㉠의 유전자는 상염색체에 존재하고 ㉡과 ㉢이 X 염색체에 연관되어 있다.
2와 6의 관계에서 ㉡은 성&열성 형질이 아니므로 성염색체 우성 형질이다. ((나) 〉 정상)

㉠의 유전자는 상염색체에 존재하는데,
(1)에서 1과 ⓐ의 H의 DNA 상대량이 같다는 조건이 있으므로, 1과 ⓐ의 ㉠의 표현형은 같다.
따라서 ⓐ에선 ㉠이 발현되지 않았다.
㉠이 발현되지 않은 6과 ⓐ 사이에서 ㉠이 발현된 9가 태어났으므로 ㉠은 열성 형질이다.
(정상 〉 (가))

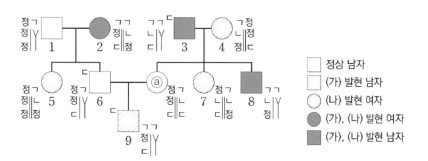

ㄱ. (가)는 열성 형질이다. (X)

ㄴ. ⓐ에게서 (다)가 발현되었다. (○)

ㄷ. 9의 동생이 태어날 때, 이 아이에게서 (가)~(다)가 모두 발현될 확률은 $\frac{1}{4} \times \frac{1}{2} = \frac{1}{8}$ 이다. (X)

정답 : ㄱ

조건을 정리하면, (가), (나), (다)는 각각 H와 H*, R과 R*, T와 T*에 의해 결정되며, H, R, T는 각각 H*, R*, T*에 대해 완전 우성이다.

(가)와 (다)의 유전자는 같은 염색체에 존재하고 (나)의 유전자와는 다른 염색체에 존재한다.

(1)

	㉠	㉡	㉢
H	?	?	1
H*	1	0	?

(2) $\dfrac{7, 8\,각각의\,체세포\,1개당\,R의\,DNA\,상대량을\,더한\,값}{3, 4\,각각의\,체세포\,1개당\,R의\,DNA\,상대량을\,더한\,값} = 2$

4와 8의 관계에서 (나)는 성&우성 형질이 아니다.
(2)에서 7과 8은 R을 가지는데 (나)가 발현되었으므로 (나)는 우성 형질이다. ((나) > 정상)
따라서 (나)는 상염색체에 존재한다.

(2)에서 좌변이 2가 나오는 경우는 $\dfrac{2}{1}$ or $\dfrac{4}{2}$ 이다.

만약 $\dfrac{4}{2}$ 라면, 7과 8은 R을 동형 접합성으로 가지므로 7과 8의 부모인 3과 4 역시 R을 적어도 한 개 이상 가져야 하는데, 4와 7, 8의 (나)의 표현형이 다르므로 모순이다.

따라서 가능한 경우는 $\dfrac{2}{1}$ 뿐이다.

(1)에서 (가)의 성/상 여부와 관계 없이 ㉡은 H를 적어도 한 개 가진다.
㉢ 역시 H를 가지므로 둘의 표현형은 같아야 한다.
1, 2, 6 중 (가)의 표현형이 혼자 다른 1이 ㉠이고 (가)는 열성 형질이다. (정상 > (가))

1은 H*를 한 개만 가지고 H를 가지지 않으므로 (가)와 (다)의 유전자는 성염색체에 존재한다.
1과 5의 관계에서 (다)는 성&우성 형질이 아니므로 열성 형질이다. (정상 > (다))

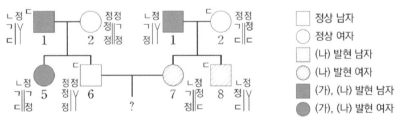

ㄱ. ㉡은 6이다. (○)

ㄴ. 5에서 (다)의 유전자형은 이형 접합성이다. (X)

ㄷ. 6과 7 사이에서 아이가 태어날 때,

이 아이에게서 (가)~(다) 중 (가)만 발현될 확률은 $\dfrac{1}{2} \times \dfrac{1}{4} = \dfrac{1}{8}$ 이다. (X)

정답 : ㄴ

조건이 많으니 차분히 정리해본다.

(1) (가)의 표현형은 그림에서 제시했다.
(2) (나)의 유전자형과 표현형에 대한 정보가 다음과 같이 제시되었다.
→ 1, 2, 3, 4의 (나)의 표현형은 모두 다르고, 2, 6, 7, 9의 (나)의 표현형도 모두 다르다.
→ 3과 8의 (나)의 유전자형은 이형 접합성이다.
(3) DNA 상대량에 관한 정보가 분수로 제시되었다.

$$\to \frac{1, 2, 5, 6 \, \text{각각의 체세포 1개당 E의 DNA 상대량을 더한 값}}{3, 4, 7, 8 \, \text{각각의 체세포 1개당 r의 DNA 상대량을 더한 값}} = \frac{3}{2}$$

가계도에서 부모가 표현형이 같은데 자손이 다른 경우는 보이지 않는다.

6에서 (가)가 발현되었는데 아버지인 1에서 발현되지 않았으므로, (가)는 성&열성이 아니다.

문항에서 (나)에 대해 해석해야 할 조건이 많으므로 (가)부터 처리할 수 있도록 한다.
(가)에 대해 가계도 그림 외에 주어진 조건은 분수 조건뿐이다.

$$\frac{1, 2, 5, 6 \, \text{각각의 체세포 1개당 E의 DNA 상대량을 더한 값}}{3, 4, 7, 8 \, \text{각각의 체세포 1개당 r의 DNA 상대량을 더한 값}} = \frac{3}{2} \, \text{를 만족하기 위해서는}$$

3, 4, 7, 8 이 가지는 r의 개수가 2 or 4여야 한다. (분자의 최댓값이 8이므로.)

(가)가 상염색체 유전인 경우,
3, 4, 7, 8이 가지는 r의 개수는 우/열과 관계없이 Rr 2명, rr 2명이 되어 6개다.
→ (가)는 성염색체 유전이고, (2)를 고려하면 성&우성임을 알 수 있다.

(가)에 대한 가계도 구성원의 유전자형은 다음과 같다.

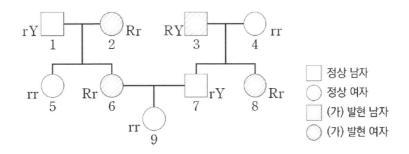

3, 4, 7, 8이 가지는 r의 개수가 4개이므로 1, 2, 5, 6의 E의 개수는 6개여야 한다.

(나)에 대해 사용할 수 있는 조건은 다음과 같다.
- (나)의 표현형은 4가지이며, (나)의 유전자형이 EG인 사람과 EE인 사람의 표현형은 같고,
유전자형이 FG인 사람과 FF인 사람의 표현형은 같다.
- 1, 2, 3, 4의 (나)의 표현형은 모두 다르고, 2, 6, 7, 9의 (나)의 표현형도 모두 다르다.
- 3과 8의 (나)의 유전자형은 이형 접합성이다.
- 1, 2, 5, 6이 가지는 E의 개수는 6개이다.

(나)의 우열 관계를 파악해보면, E = F 〉 G로 정리된다.
임의의 구성원 4명에게서 (나)의 표현형이 서로 다른 경우는 다음과 같이 유전자형이 구분된다.
EE or EG / FF or FG / EF / GG

구성원 1, 2, 5, 6에 대해서는 '1, 2, 5, 6이 가지는 E의 개수가 6개'가 되고, '1, 2, 3, 4의 (나)의
표현형은 모두 다르고, 2, 6, 7, 9의 (나)의 표현형도 모두 다르다'는 조건을 모두 만족시켜야 한다.
만약 1, 2, 5, 6 중 3명의 유전자형이 EE라면, 어떠한 경우에서도 '1, 2, 3, 4의 (나)의 표현형은
모두 다르고, 2, 6, 7, 9의 (나)의 표현형도 모두 다르다'는 조건을 만족시키지 못한다.
따라서 1, 2, 5, 6 중 2명의 유전자형은 EE이고, 나머지 2명은 E를 하나씩 가진다.

1, 2, 3, 4에서 (나)의 표현형이 모두 다른데, 1과 2가 최소 1개의 E를 가지고 3의 (나)의 유전자형
은 이형 접합성이므로 3의 (나)의 유전자형은 FG로 결정된다.
또한, 4의 (나)의 유전자형까지 GG로 결정된다.

3과 4의 (나)의 유전자형이 각각 FG, GG인 상황에서는 7과 8이 가질 수 있는 (나)의 유전자형 역시
FG와 GG 중 하나이다. 그런데 8의 (나)의 유전자형이 이형 접합성이므로 8의 (나)의 유전자형은
FG로 결정된다.

2와 6이 최소 1개의 E를 가지므로 2, 6, 7, 9에서 (나)의 표현형이 모두 다른 조건을 만족하려면
7의 (나)의 유전자형이 GG, 9의 (나)의 유전자형이 FG이어야 한다.
6과 7에서 유전자형을 FG로 갖는 자손이 태어나려면 6의 (나)의 유전자형은 EF이어야 하고,
자동적으로 2의 (나)의 유전자형은 EE가 된다.

조건들을 마저 활용하여 가계도를 완성하면 다음과 같다.

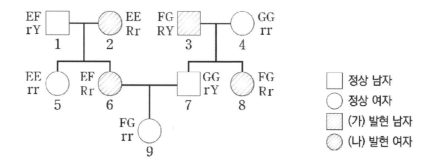

ㄱ. (가)의 유전자는 X 염색체에 있다. (X)

ㄴ. 7의 (나)의 유전자형은 GG로 동형 접합성이다. (O)

ㄷ. 9의 동생이 태어날 때, 8과 (가), (나)의 표현형이 같으려면 (가)의 유전자형이 R[?]이어야 하고, 이 확률은 $\frac{1}{2}$이다. (나)에 대해서는 유전자형이 FG이어야 하고, 이 확률도 $\frac{1}{2}$이다.

따라서 9의 동생이 태어날 때, 이 아이의 (가), (나)의 표현형이 8과 같을 확률은 $\frac{1}{4}$이다. (X)

17 2021학년도 9월 평가원 19번

정답 : ㄴ, ㄷ

조건을 정리하면, (가)와 (나)의 유전자는 모두 X 염색체에 있다.
성/상과 연관 여부는 알고 있으므로, 조건을 통해 우/열을 판단하자.
표현형에 대한 조건으로 가계도 그림과 'ⓐ와 ⓑ 중 한 사람은 (가)와 (나)가 모두 발현되었고, 나머지 한 사람은 (가)와 (나)가 모두 발현되지 않았다.'라는 조건이 제시되었다.

가계도에서 부모가 표현형이 같은데 자손이 다른 경우는 보이지 않는다.

4에서 (나)가 발현되었으나 아들인 7은 정상이다.
→ 4&7에서 (나)는 성&열성이 아니다. 성염색체는 확정이므로 성&우성으로 결정된다.
(Ⓛ 〉 정상) / (편의상 (나)를 발현시키는 유전자를 Ⓛ이라고 쓰겠다.)

남자의 X 염색체 유전에서 표현형=유전자형임을 이용하여 유전자형을 추적한다.
남자부터 채웠을 때, 가계도를 다음과 같이 작성할 수 있다.
(편의상 (가)를 발현시키는 유전자를 ㉠이라 쓰겠다.)

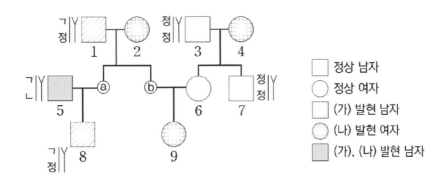

(나)가 우성 형질이라는 점과 부모-자손 간의 염색체 전달을 고려하여 유전자형을 최대한 확정한다.
2, 4, 9는 (나)가 발현되었으므로 반드시 ㉡을 가진다. 다음과 같이 확정할 수 있다.

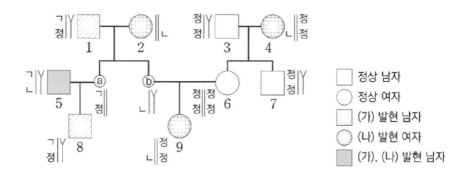

표현형에 대한 조건인 "ⓐ와 ⓑ 중 한 사람은 (가)와 (나)가 모두 발현되었고, 나머지 한 사람은 (가)와 (나)가 모두 발현되지 않았다."를 활용한다.

ⓑ에서 (나)가 발현되지 않으면 ⓑ와 6에서 (나)에 대한 표현형이 정상으로 같은데
자손인 9에서 다른 표현형이 태어나므로 (나)가 열성 형질이어야한다.
(나)는 우성 형질이라고 결정되었기 때문에 모순이다.
따라서 ⓑ에서 (나)가 발현되어야만 하고, (가)와 (나)가 모두 발현된 사람은 ⓑ이다.

ⓐ에서는 모두 발현되지 않아야 하는데, ⓐ에는 ㉠이 존재하므로 (가)는 열성 형질이다.
(정상 > ㉠)

가계도 구성원의 유전자형은 다음과 같이 채울 수 있다.

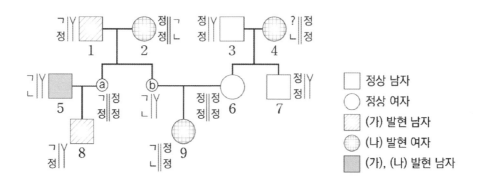

ㄱ. ⓐ에게서는 (가)와 (나) 모두 발현되지 않았다. (X)
ㄴ. 2의 (가)에 대한 유전자형은 이형 접합성이다. (○)
ㄷ. 8의 동생이 태어날 때, 이 아이에게서 나타날 수 있는 표현형은 4가지로, 다음과 같다. (○)
　→ (가), (나) 모두 발현하는 경우/(가)만 발현하는 경우/(나)만 발현하는 경우/(가), (나) 모두 미발
　　현하는 경우

18 2022학년도 6월 평가원 17번

정답 : ㄱ, ㄷ

조건을 정리하면, (가), (나), (다)는 각각 A와 a, B와 b, D와 d에 의해 결정되고,
A, B, D가 각각 a, b, d에 대해 완전 우성이다. (가)~(다)의 유전자 중 2개는 X 염색체에,
나머지 1개는 상염색체에 있다. 3, 6, 7 중 (다)가 발현된 사람은 1명이고, 4와 7의 (다)의 표현형은
서로 같다.

표에서 ㉠이 A라면, 2와 3은 모두 A를 가지고 있는데 (가)의 표현형이 다르므로 모순이다.
마찬가지로 ㉢ 역시 A일 수 없다. ㉡이 A이다.
같은 논리로 나머지를 Matching하면 ㉠은 B이고, ㉢은 d이다.

2는 A를 가지지만 (가)가 발현되지 않았으므로 (가)는 열성 형질이다. (정상 〉 (가))
3과 6의 관계에서 (가)가 성&열성 형질이 아님을 알 수 있고, 따라서 (가)는 상염색체에 존재한다.
2와 3은 B를 가지지만 (나)가 발현되지 않았으므로 (나)는 열성 형질이다. (정상 〉 (나))

추론한 정보를 토대로 가계도 구성원의 유전자형을 나타내면 다음과 같다.

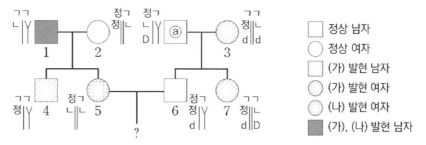

문제 조건에서 3, 6, 7 중 (다)가 발현된 사람은 1명이므로 D를 가지는 7에서 (다)가 발현되었다.
따라서 (다)는 우성 형질임을 알 수 있다. ((다) 〉 정상)

나머지 가계도 구성원의 유전자형을 채워넣자.

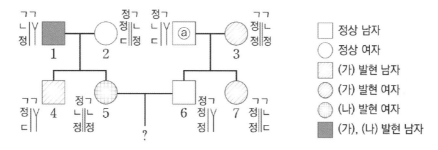

ㄱ. ㉠은 B이다. (○)

ㄴ. 7의 (나), (다)의 유전자형만 이형 접합성이다. (X)

ㄷ. 5와 6 사이에서 아이가 태어날 때,

이 아이에게서 (가)~(다) 중 한 가지 형질만 발현될 확률은 $\dfrac{3}{4} \times \dfrac{1}{2} + \dfrac{1}{4} \times \dfrac{1}{2} = \dfrac{1}{2}$ 이다. (○)

정답 : ㄱ, ㄷ

조건을 정리하면, (가)와 (나)는 각각 A와 a, B와 b에 의해 결정되며,
A는 a에 대해, B는 b에 대해 완전 우성이다.

1과 2에서 (나)가 발현되었는데 5에서 발현되지 않았으므로 (나)는 우성 형질이다. ((나) 〉 정상)

2와 5의 관계에서 (가)는 성&우성 형질이 아니다.

1과 2는 (나)가 발현되었으므로 B를 적어도 1개 가지고, 5는 (나)가 발현되지 않았으므로
b를 적어도 1개 가진다. 따라서 b를 가지는 5는 ㉠이 아니다.
㉠은 b를 가지지 않으므로, B와 b는 성염색체에 존재하고 ㉠은 1이다.
1은 A를 가지지 않는데 (가)가 발현되었으므로 (가)는 열성 형질이다. (정상 〉 (가))

2는 (가)가 발현되지 않았으므로 A를 가지고, ㉡은 2이다.
A와 a가 성염색체에 존재한다면, 즉 (가)와 (나)가 연관되어 있다면
5는 a와 b가 연관된 염색체를 가지고, 6은 a와 B가 연관된 염색체를 가진다.
두 염색체는 2로부터 물려받는데 2의 유전자형은 AaBb이므로 모순이다.
따라서 A와 a는 상염색체에 존재한다.

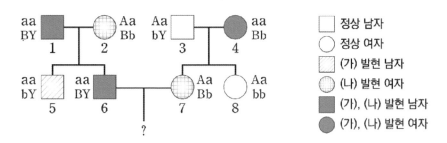

표와의 비교를 위해 유전자형을 A와 a, B와 b로 나타내었다.
㉣=4, ㉤=3, ㉥=8이다.

ㄱ. (가)의 유전자는 상염색체에 있다. (○)
ㄴ. 8은 ㉥이다. (X)
ㄷ. 6과 7 사이에서 태어난 아이의 (가)와 (나)의 표현형이 모두 ㉡(5)과 같을 확률은
$\dfrac{1}{2} \times \dfrac{1}{4} = \dfrac{1}{8}$ 이다. (○)

20 2023학년도 수능 19번

정답 : ㄱ

조건을 정리하면, (가)와 (나)는 같은 염색체 위에 있으며, $E > F > G$이다.

3은 여성이므로 F의 상대량이 1일 수 없다. 3에서 (나)의 유전자형은 EG이다.
4는 복대립 유전자를 한 개만 가지므로 GY이어야한다.
따라서 (가)와 (나)는 X 염색체에 연관되어 있다.

구성원 1, 3의 관계에 의해 (가)는 성&우성 형질일 수 없다.
따라서 (가)는 성&열성 형질이다.
구성원 1, 5가 남성이므로 성염색체에 존재하는 대립유전자를 2개까지 가질 수 없기에
여성인 구성원 @에서 ⓒ=2이어야한다. @에서 (나)의 유전자형은 EF이다.

@가 갖는 X 염색체는 가족관계에 의해 1-3-@가 공유하므로
1이 갖는 염색체 aE를 3과 @도 공통적으로 가진다.
3은 aE/AG이며, 2는 AG를 갖는다.
1은 F와 G를 모두 가지지 않으므로 ㉠=0이며, ㉢=1이다. 5에서 (나)의 유전자형은 FY가 된다.
구성원 1과 4가 F를 갖지 않기에 5가 가지는 F는 2로부터 물려받았어야 하며,
성염색체 연관에 의해 aF를 2-@-5가 공유함을 알 수 있다.

ㄱ. @에서 (가)의 유전자형은 aa로 동형 접합성이다 (○)
ㄴ. A와 G를 모두 갖는 사람은 2, 3, 4 세 명이다. (X)
ㄷ. 5의 동생이 태어날 때, 이 아이의 (가)와 (나)의 표현형이 모두 2와 같을 확률은 $\dfrac{1}{4}$이다. (X)

21 2023년 4월 교육청 19번

정답 : ㄴ

4-5-6의 표현형에서 (나)가 상&우성 형질임을 알 수 있다.
3,4,5는 순서대로 T의 DNA 상대량이 0,1,1이다. 이때 ㉠~㉢ 중에 $H + T$가 0인 사람이 존재하므로 3이 H의 DNA 상대량이 0이 되어야한다. 즉 (가)는 상&열성 형질이다.
4는 (가) 발현자이므로 ㉡은 1이다.

ㄱ. (가)는 열성 형질이다. (X)
ㄴ. 1에서 체세포 1개당 h의 DNA 상대량은 ㉡(=1)이다. (○)
ㄷ. 4는 $hhTt$이고 5는 $HhTt$이므로 (가)와 (나)가 모두 발현될 확률은 $\dfrac{1}{2} \times \dfrac{3}{4} = \dfrac{3}{8}$이다. (X)

정답 : ㄱ

2, 3, 4, 7(ⓐ~ⓓ) 중 (가) 미발현자는 1명인데, (가) 미발현자가 2 또는 7이면 3, 4가 (가) 발현자가
되어 3-4-8에서 (가)가 상&우성 형질이어야 한다.
(가) 미발현자가 3, 4 중 하나여도, 7이 (가) 발현자가 되어 6-7-9에서 (가)가 상&우성 형질이어야 한다.
즉, 2, 3, 4, 7 중 유일한 (가) 미발현자가 누가 되든 (가)는 상&우성 형질이다.

6은 hT/를 갖기에 H?/hT인데, 아들인 9가 hh이므로 6으로부터 hT/를 받는다.
그러므로 ㉠표현형이 6과 ㉢표현형이 9가 T를 가지므로 ㉡표현형은 tt에 대응된다.
1이 ㉡표현형이므로 tt가 되어 6과 t를 공유한다.
6은 Tt가 되어 ㉠이 Tt, ㉢이 TT가 된다. 구성원들의 유전자형을 정리하면 아래와 같다.

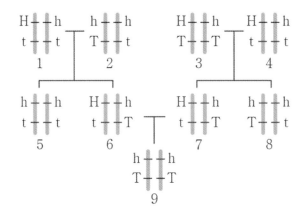

ⓑ는 2이며, ⓓ는 3이고 ⓒ는 4이며, ⓐ는 7이다.

ㄱ. ⓐ는 7이다. (○)
ㄴ. (나)의 표현형이 ㉠인 사람의 유전자형은 Tt이다. (X)
ㄷ. 9의 동생이 태어날 때, 이 아이의 (가)와 (나)의 표현형이 모두 3과 같을 확률은 0이다. (X)

정답 : ㄱ

2-5 관계에서 (나)는 열성&성 형질이 아니다. 3-7 관계에서 (나)는 성&우성 형질이 아니다.

(나)는 상염색체 유전이다.

나머지 (가)가 X염색체 유전인데 3-6에서 (가)는 우성&성 형질이 아니므로 (가)는 성&열성 형질이다.

2, 3, 5, 7의 A의 DNA 상대량은 각각 (1 또는 2), 0, 1, 0이다. 2, 3, 5, 7에서 A와 b의 DNA 상대량을 더한 값이 1~3이므로 전부 (나)에 대해 우성동형이 불가능하므로 모두 b를 갖는다.

즉 2에서 $A+b$는 2 이상인데, 7은 A의 DNA 상대량이 0이므로 7은 적어도 b의 DNA상대량이 2가 되어야 한다. 즉 (나)는 상&우성 형질이며 2는 AaBb여야 한다. 즉 ⓐ는 2이다.

ㄱ. (나)는 우성형질이다. (○)

ㄴ. 1의 유전자형은 aYbb이므로 a와 B 상대량 합은 1이다. ⓐ(=2)가 아니다. (X)

ㄷ. 5의 유전자형은 AYbb이고 6의 유전자형은 AaBb이다.

5와 6 사이에서 아이가 태어날 때,

이 아이에게서 (가)와 (나) 중 (가)만 발현될 확률은 $\dfrac{1}{4} \times \dfrac{1}{2} = \dfrac{1}{8}$이다. (X)

정답 : ㄱ, ㄴ, ㄷ

8이 (나)에 대해 정상이므로 유전자형은 $\frac{1}{8}$가 되고, ⓒ=0이다. 2, 5 중 한 사람은 BB, 나머지 한 사람은 Bb가 되는데, 1이 (나)에 대해 정상이기 때문에 5가 (나)에 대해 우성동형이 불가능하므로 2가 BB이다. ㉠=1, ⓒ=2이다.

1과 2는 a의 DNA 상대량이 1로 동일한데 두 구성원의 (가) 표현형이 서로 다르므로 (가)는 X 염색체 유전이다. 구성원들의 유전자형을 정리하면 아래와 같다.

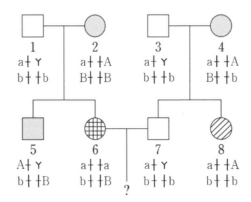

ㄱ. (가)의 유전자는 X 염색체 위에 있다. (○)

ㄴ. ⓒ은 2이다. (○)

ㄷ. 6, 7 모두 a만 가지므로 (가)는 발현되지 않으며,

6이 Bb, 7이 bb이므로 6의 아이에게서 (가)와 (나) 중 (나)만 발현될 확률은 $\frac{1}{2}$이다. (○)

25 2024학년도 9월 평가원 19번

정답 : ㄴ, ㄷ

1-2-4에서 (나)는 우성형질임을 알 수 있다.

1, 3, 6은 모두 (나) 발현자이므로 B를 가져야 한다.
3은 (㉠+B)가 (0+1)이어야 하며, 1과 6의 자손에서 (나)에 대해 정상인 자손이 태어났기 때문에 1과 6은 (나)에 대해서 우성동형 불가능하므로 둘 다 (㉠+B)가 (1+1)이어야 한다.

1, 6의 ㉠의 DNA 상대량이 1로 같은데 둘의 표현형과 성별이 모두 다르므로
㉠은 a이며, (가)는 X 염색체 유전임을 알 수 있다.
6이 이형접합자이므로 (가)는 성&우성 형질이다.
나머지 (나)는 상&우성 형질이다. 구성원들의 유전자형을 정리하면 다음과 같다.

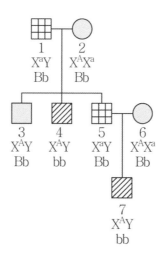

ㄱ. ㉠은 a이다. (X)

ㄴ. (나)의 유전자는 상염색체에 있다. (○)

ㄷ. 7의 동생이 태어날 때, 이 아이에게서 (가)와 (나)가 모두 발현될 확률은 $\frac{1}{2} \times \frac{3}{4} = \frac{3}{8}$ 이다. (○)

26 2024학년도 수능 19번

정답 : ㄱ, ㄷ

ⓐ가 (가) 발현자면 1-ⓐ-ⓑ의 표현형에서 (가)가 우성 형질이라는 정보가, ⓑ-ⓒ-6에서 (가)가 열성 형질이라는 정보가 나오므로 모순이다. ⓐ는 (가) 미발현 여자이다.

ⓑ는 아버지와 어머니의 (가) 표현형이 다르므로 (가)에 대해 우성동형 불가능하다.
여자인 ⓒ의 부모에서 (가) 표현형이 다르기 때문에 ⓒ에서 (가)는 우성동형 불가능하다.
ⓐ는 아들(4)과 (가)표현형이 다르므로 ⓐ, ⓑ, ⓒ 전부 (가)에 대해 우성동형 불가능함을 알 수 있다.

㉠~㉢ 중에 0이 존재하므로 ⓐ~ⓒ 중에 h의 DNA 상대량 값이 0인 사람이 있다.
그런데 ⓐ~ⓒ 전부 (가)에 대해 우성동형 불가능하므로 h의 DNA 상대량 값 0과 우성동형 불가능 정보가 맞물리는 상황이 발생한다. 즉. (가)와 (나)는 X 염색체 유전이다.
4와 ⓐ의 관계에서 (가)는 성&우성 형질이 아님을 알 수 있다. (가)는 성&열성 형질이다.

2와 6의 표현형이 서로 다르므로 6이 가진 X 염색체는 3으로부터 물려받은 것이다.
이 둘의 (나)표현형이 다르므로 ⓒ의 (나)에 대한 유전자형은 Tt이다.
ⓒ가 갖는 T를 제공한 부모는 2와 3 중 한 명인데 ⓒ의 부모가 모두 (나) 미발현자이므로
(나)는 성&열성 유전이다. 구성원들의 유전자형을 정리하면 아래와 같다.

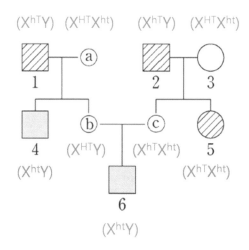

ㄱ. (가)는 열성 형질이다. (○)

ㄴ. ⓐ~ⓒ 중 (나)가 발현된 사람은 없다. (X)

ㄷ. 6의 동생이 태어날 때, 이 아이에게서 (가)와 (나)가 모두 발현될 확률은 $\frac{1}{2} \times \frac{1}{2} = \frac{1}{4}$ 이다. (○)

memo

01 2014학년도 수능 9번

정답 : ㄱ, ㄷ

조건을 먼저 정리하자.

(1) 철수네 가족 구성원 모두 핵형은 정상이다.
(2) 철수는 부모의 감수 분열 과정에서 성염색체의 비분리가 1회씩 일어난 정자와 난자가 수정되어 태어났다.
(3) 형은 유전병 ㉠을 나타내고, 어머니와 철수는 유전병 ㉠을 나타내지 않는다.
(4) 철수는 적록 색맹이고, 어머니와 형은 정상이다.

적록 색맹을 결정하는 대립유전자는 X 염색체에 존재하고, 열성 형질이다.
대립유전자 A와 A^*가 Y 염색체에 존재한다면, 핵형이 모두 정상인 상황에서 철수와 형은 아버지로부터 동일한 Y 염색체를 물려받으므로 유전병 ㉠의 발현 여부가 다를 수 없다.
따라서 대립유전자 A와 A^*, B와 B^*는 X 염색체에 연관되어 있다.

정자와 난자 각각에서 성염색체 비분리가 1회씩 일어났는데 핵형이 정상인 남자가 태어나는 경우는
감수 1분열에서 비분리가 일어나 X 염색체와 Y 염색체를 동시에 가지는 정자와
비분리로 인해 성염색체를 가지지 않는 난자가 수정되는 경우이다.
따라서 이 경우, 남자인 자손은 아버지와 동일한 유전자형과 표현형을 나타낸다.
즉, 철수와 아버지의 표현형은 같다.
→ ㄱ, ㄷ 정답

ㄴ 선지 판단을 위해 어머니와 형의 표현형에 먼저 집중하여 유전자형에 대한 정보를 얻어내자.
조건 (3)에 의해 유전병 ㉠은 열성 형질이면서 어머니의 유전자형은 AA^*이다.
형은 적록색맹에 대해 정상이기 때문에 형의 X 염색체 유전자형은 A^*B이다.
이 X 염색체는 자연스럽게 어머니도 가지게 된다.
ㄴ 선지대로 어머니가 A^*와 B^*가 연관된 X 염색체를 가진다면,
어머니의 X 염색체 유전자형은 A^*B/A^*B^*이 된다.
그런데 이 경우, 어머니는 유전병 ㉠을 나타내게 되어 조건에 모순이다.
→ ㄴ 오답

02 2015학년도 9월 평가원 8번

정답 : ㄴ

【감수 분열 with 돌연변이】에서 유형 A에 해당하는데, 단순한 문제라 추론이라 할 것이 딱히 없다.

그림을 해석해보면, (다)와 (라)가 생성되는 감수 2분열에서 성염색체 비분리가 일어났음을 알 수 있다.
→ ㄴ 정답

ㄱ. 그림에서는 나타나지 않은 염색체까지 고려했을 때, $\dfrac{(나)의\ 염색\ 분체\ 수}{(라)의\ 염색체\ 수} = \dfrac{2 \times 23}{22}$이다. (X)

ㄷ. 감수 2분열에서는 염색 분체 비분리가 일어나므로 (라)에는 대립유전자 a와 B가 있다. (X)

03 2015학년도 수능 18번

정답 : ㄱ, ㄴ

【감수 분열 with 돌연변이】에서 유형 A에 해당하는데, 2개의 생식세포 형성 과정이 제시되었다.
유전자형을 추론할 수 없고, 성염색체의 비분리에 따라 변화하는 세포 1개당 염색체 수에 주목해야 한다.

정자 ⓒ과 난자 ⓗ이 수정되어 클라인펠터 증후군을 나타내는 철수가 태어났다.
감수 1분열에서 비분리가 일어나 X 염색체와 Y 염색체를 동시에 가지는 정자와 정상적인 난자가 수정되는 경우와, Y 염색체를 가지는 정상적인 정자와 비분리로 인해 X 염색체를 두 개 가지는 난자가 수정되는 경우가 가능하다.

그런데 이때, 첫 번째 경우에서는 아버지에서도 적록 색맹이 발현되어야 한다.
그러나 문제 조건에서는 부모의 형질이 정상이므로 모순이 발생하기 때문에 철수는 두 번째 경우이다.
따라서 (가)에서 성염색체 비분리는 ⓔ과 ⓓ이 생성되는 감수 2분열에서 일어났고,
ⓒ은 정상적으로 Y 염색체를 하나만 가진다.

철수가 적록 색맹이면서 클라인펠터 증후군을 나타내려면 ⓗ에는 X 염색체가 2개 존재해야 하고,
그 두 염색체 모두 적록 색맹을 발현시키는 유전자를 갖고 있어야 한다.
만약 (나)에서 성염색체 비분리가 감수 1분열에서 일어난 것이라면,
어머니도 적록 색맹인 것이 되므로 문제 조건에 모순이다.
따라서 ⓛ에서 ⓗ이 생성되는 감수 2분열에서 성염색체 비분리가 일어났다.
→ ㄱ 정답

ㄴ. ⓖ과 ⓛ은 모두 정상적인 감수 분열이 일어난 상태이므로 염색체 수가 같다. (○)

ㄷ. ⓔ과 ⓜ 중 하나만 X 염색체를 가진다. (X)

정답 : ㄴ

문제 조건을 먼저 정리하자.

(1) ㉠과 ㉡을 결정하는 유전자는 같은 염색체에 연관되어 있고 가계도 구성원의 핵형은 모두 정상이다.
(2) 5가 태어날 때 염색체 비분리가 각각 1회씩 일어난 정자와 난자가 수정되었다.

먼저, 각 형질의 열성/우성 유전 여부와 상/성염색체를 판단하자.
문제 조건에 따라 1과 2는 각각 ㉠에 대해 A와 A^* 중 한 종류만을 가지는데,
4와 그 옆의 여자 형제에서 표현형이 다르기 때문에 X 염색체에 유전자가 존재한다는 것을 알 수 있다.
유전병 ㉠이 열성 형질이라면, 4의 여자 형제는 ㉠의 유전자형이 이형 접합성이므로
유전병 ㉠을 가져서는 안 된다. 따라서 유전병 ㉠은 우성 형질이다.
가계도의 왼쪽에서 ㉡이 나타나지 않은 부모 사이에서 ㉡을 나타내는 자손이 태어났으므로,
유전병 ㉡은 열성 형질이다.

추론 결과를 바탕으로 1과 2의 유전자형을 파악해보면
1의 X 염색체 유전자형은 AB^*이고, 2의 X 염색체 유전자형은 A^*B/A^*B^*이다.
정자와 난자 각각에서 성염색체 비분리가 1회씩 일어났는데 핵형이 정상인 남자가 태어나는 경우는
감수 1분열에서 비분리가 일어나 X 염색체와 Y 염색체를 동시에 가지는 정자와
비분리로 인해 성염색체를 가지지 않는 난자가 수정되는 경우이다.
따라서 5는 1과 동일한 유전자형과 표현형을 가진다.

ㄷ 선지 판단을 위해 3, 4와 3의 부모에 대한 유전자형 추론이 필요하다.
4의 X 염색체 유전자형은 A^*B이다. 3의 아버지의 X 염색체 유전자형은 AB이고,
어머니의 X 염색체 유전자형은 ㉠에 대해서 A^*A^*인 것만 알 수 있다.

따라서 3의 X 염색체 유전자형은 $\frac{1}{2}$ 확률로 AB/A^*B or AB/A^*B^*이다.

하지만 3과 4 사이에서 아이가 태어날 때,
이 아이에게서 ㉠과 ㉡이 모두 나타날 경우는 존재하지 않는다.
→ ㄷ 오답

ㄱ. ㉠은 우성 형질이다. (X)
ㄴ. ⓐ가 형성될 때 염색체 비분리는 감수 1분열에서 일어났다. (○)

정답 : ㄴ, ㄷ

【감수 분열 with 돌연변이】에서 유형 A에 해당하는데, 2개의 생식세포 형성 과정을 다루면서 DNA 상대량 표가 제시되었다. 세포의 Matching이 필요한 문제이다.

조건을 정리하면 (가)에서는 21번 염색체 비분리가, (나)에서는 성염색체 비분리가 1회씩 일어났다.

㉠과 ㉡의 비분리의 영향을 받지 않으므로 감수 분열과 관련한 명제를 적용할 수 있다.
추가적으로, 감수 1분열이 완료된 상태에서는 비분리의 영향을 받더라도 DNA 상대량은 짝수이어야 한다.
따라서 세포 ⓐ, ⓔ는 각각 세포 ㉣, ㉤ 중 하나이고, 세포 ⓑ~ⓓ는 세포 ㉠~㉢ 중 하나이다.

〈감수 분열에 관한 기본 전제〉-(a)에 의하여 세포 ⓒ는 세포 ㉠이 되어야 한다.
세포 ㉢이 세포 ⓑ, ⓓ 중 무엇이 되더라도 비분리가 일어난 결과에 해당한다.
세포 ㉡에서 〈DNA 상대량에 관한 명제〉-(h)에 의하여 대립유전자 H, h는 X 염색체에 존재해야 한다.
T, t는 상염색체에 존재하게 되고, (가)에서는 상염색체 비분리가 일어났으므로
T, t의 DNA 상대량에 이상이 있는 세포 ⓔ가 세포 ㉣이 된다.
자동으로 세포 ⓐ는 세포 ㉤이 된다.

세포 ⓐ에 대립유전자 H가 존재하므로 〈감수 분열에 관한 기본 전제〉-(a')에 의하여
세포 ㉡도 H를 가져야 한다. 따라서 세포 ⓓ가 세포 ㉡이 된다.
자동으로 세포 ⓑ는 세포 ㉢이 된다.

ㄱ. 세포 ㉤에서 H의 DNA 상대량이 2가 되려면 감수 2분열에서 염색 분체의 비분리가 일어나야
   한다. (X)
ㄴ. (가)에서는 감수 1분열에서 상염색체 비분리가 일어나 세포 ㉢으로 T와 t가 함께 들어갔다.
   따라서 세포 ㉢의 상염색체 수는 22+1이 된다. 세포 ⓔ의 총 염색체 수는 23-1이 된다.
   따라서 합은 45이다. (○))
ㄷ. 세포 1개당 $\dfrac{\text{T의 DNA 상대량}}{\text{성염색체 수}}$ 은 ㉠에서 $\dfrac{2}{2}$, ⓐ에서 $\dfrac{1}{2}$ 이 되어 ㉠이 ⓐ의 2배이다. (○)

정답 : ㄱ, ㄷ

【감수 분열 with 돌연변이】에서 유형 A에 해당하는데, 염색체 수와 DNA 상대량 표가 제시되었다.
세포의 Matching이 필요한 문제이다.

조건을 정리하면 감수 1분열에서는 성염색체 비분리가,
감수 2분열에서는 상염색체 비분리가 1회씩 일어났다.

동물의 핵상이 $2n = 6$이므로 세포 I, II에서의 염색체 수는 6이어야 한다.
DNA 상대량을 통해 세포 ㉠, ㉣의 핵상은 $2n$이 될 수 없다는 것을 알 수 있다.
따라서 세포 ㉡, ㉢이 각각 세포 I, II 중 하나이어야 하는데,
H의 DNA 상대량 비교를 통해 ㉡=II, ㉢=I임을 알 수 있다.
감수 2분열 중기에서는 비분리와 관계 없이 DNA 상대량은 짝수이어야 하므로,
㉠=III이 되어 남은 ㉣=IV가 된다.

세포 ㉡, ㉢의 유전자형이 같아야 하므로 ⓑ=0, ⓒ=2, ⓓ=1이 된다.
이를 통해 H와 h는 상염색체에 존재하고, T와 t는 성염색체에 존재한다는 것을 알 수 있다.

감수 1분열에서 성염색체 비분리가 일어나면서 세포 ㉠(=III)은 성염색체를 가지지 못하여
세포 ㉠(=III)의 염색체 수 ⓐ는 3-1=2가 된다.
감수 2분열에서 상염색체 비분리가 일어나면서 세포 ㉣(=IV)은 h를 가지지 못하여
세포 ㉣(=IV)의 염색체 수는 (3+1)-1=3이 되는 것이다.

ㄱ. ⓑ+ⓒ=2, ⓐ+ⓓ=3이다. (○)

ㄴ. ㉢은 I이다. (X)

ㄷ. 감수 1분열에서 성염색체 비분리가 일어났고, 세포 ㉣(=IV)로 염색체 X와 Y가 모두 들어갔다.
(○)

정답 : ㄷ

【감수 분열 with 돌연변이】에서 유형 A에 해당하는데,

각 세포의 핵상과 DNA 상대량 표가 제시되었다.

세포의 Matching이 필요한 문제이다.

조건을 정리하자.

(1) 감수 분열 과정에서 염색체 비분리는 1회 일어났다.

(2) 대립유전자 A, a, B, b는 X 염색체에 연관되어 존재한다.

세포 ㉠, ㉡은 핵상이 $2n$이어야 하기 때문에 세포 IV의 핵상은 $2n$이 된다.

세포 ㉠에서 유전자 복제가 일어나 DNA 상대량이 2배가 된 것이 세포 ㉡이므로

㉠=II, ㉡=IV이다. ⓑ=2가 되어야 한다.

만약 ㉢=I라면, ㉣=III가 되고 감수 1분열에서 비분리가 일어난 것이 된다.

그런데 이 경우, 감수 분열 과정에서 염색체 비분리는 1회만 일어났기 때문에

III의 핵상도 $n+1$이 되어야 하므로 모순이 발생한다.

따라서 ㉢=III, ㉣=I이고, 비분리는 감수 2분열에서 일어났다.

〈감수 분열에 관한 기본 전제〉-(a)에 의하여 ㉣이 가지는 B를 ㉢도 가져야 하므로 ⓐ=2이다.

ㄱ. ⓐ+ⓑ=4이다. (X)

ㄴ. ㉢=III이다. (X)

ㄷ. ㉡=IV에는 2가 염색체가 있다. (○)

정답 : ㄱ

문제 조건을 먼저 정리하자.

(1) ㉠과 ㉡을 결정하는 유전자는 같은 염색체에 연관되어 존재한다.
(2) 3과 4 중 한 사람에게서만 감수 분열에서 염색체 비분리가 1회 일어나 비정상적인 생식세포가
   형성되었고, 이것과 정상 생식세포가 수정되어 7과 8 중 한 사람이 태어났다.

먼저, ㉠과 ㉡의 열성/우성 여부와 상/성염색체를 판단하자.
1과 2에서 발현되지 않은 ㉠이 5에서 발현되었으므로, ㉠은 열성 형질이다.
DNA 상대량 표에서 1과 2에서 A^*의 DNA 상대량이 각각 0과 1이므로 ㉠의 우열관계는
$A > A^*$ 이다.
유전자가 상염색체에 존재한다면, 1에서 ㉠의 유전자형이 AA가 되기 때문에 자손에서 ㉠이 발현될
수 없다.
따라서 유전자는 X 염색체에 존재한다.
2와 5의 관계에서 ㉡은 성&열성 형질이 아님을 알 수 있다.
X 염색체에 존재하는 ㉠과 연관되어 있으므로, ㉡은 성&우성 형질이다.

7과 8을 제외한 가계도 구성원의 유전자형을 분석하자.

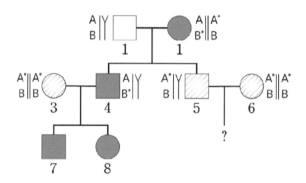

7에서 ㉠은 발현되지 않고, ㉡은 발현되려면 4와 동일한 유전자 구성을 가져야 하는데,
4가 가지고 있는 X 염색체와 같은 것을 3이 물려줄 수 없기 때문에
비정상적인 생식세포와 정상적인 생식세포가 수정되어 태어난 사람은 7이다.
4의 감수 1분열에서 비분리가 일어나 X 염색체와 Y 염색체를 동시에 가지는 생식세포가 형성되고,
이것이 3의 정상 생식세포와 수정되면 7의 X 염색체 유전자 구성이 A^*B/AB^*가 되어 조건을
만족한다.
8의 X 염색체 유전자 구성도 동일하게 A^*B/AB^*가 된다.
ⓐ~ⓓ 값을 계산하면 ⓐ=1, ⓑ=1, ⓒ=0, ⓓ=1이다.

ㄱ. ⓐ+ⓑ+ⓒ+ⓓ=3이다. (○)
ㄴ. 4의 감수 1분열 과정에서 염색체 비분리가 일어났다. (X)
ㄷ. 5와 6이 가지는 X 염색체의 유전자 구성은 A^*B로 동일하다.
   5와 6 사이에서 태어난 아이는 성별에 관계 없이 항상 ㉠과 ㉡ 중 ㉠만 발현된다. (X)

정답 : ㄴ, ㄷ

문제 조건을 먼저 정리하자.

(1) ㉠과 ㉡의 우열 관계가 명확히 제시되었고, 두 유전자 모두 X 염색체에 연관되어 있다.
(2) 가족 구성원 중 자녀 4는 클라인펠터 증후군을 나타내며, 그 외의 구성원의 핵형은 모두 정상이다.

부모와 자녀 1~4의 표현형을 분석하여 ㉠과 ㉡의 열성/우성 여부를 판단하자.
부모 모두 ㉠이 발현되지 않았는데, 자녀 2에서 ㉠이 발현되었으므로 ㉠은 열성 형질이다.
성별이 같은 자녀 1, 2에서 ㉠의 발현 여부가 다르므로 어머니에서 ㉠의 유전자형은 이형 접합성이다.
어머니는 자녀 1, 2에게 각각 서로 다른 X 염색체를 물려준다.
부모 중 한 사람에게서만 ㉡이 발현되었는데, 자녀 1, 2에서 ㉡이 발현되기 위해서는 어머니가 가지는 두 X 염색체 모두에 ㉡을 발현시키는 유전자가 존재해야 한다.
따라서 부모 중 어머니에게서만 ㉡이 발현되었다.
자녀 3에게 아버지가 ㉡의 정상 유전자를, 어머니가 ㉡을 발현시키는 유전자를 물려준 결과,
이형 접합성에서 ㉡이 발현되지 않았으므로 ㉡도 열성 형질이다.

추론 결과를 종합하면 아버지의 X 염색체 유전자 구성은 AB이고,
어머니의 X 염색체 유전자 구성은 AB^*/A^*B^*이다.

자녀 4에서는 ㉠과 ㉡이 모두 발현되지 않았다.
정상적인 생식세포의 수정이었다면 남자 자녀에게서는 반드시 ㉡이 발현되어야 하기 때문에,
자녀 4에게는 대립유전자 B가 존재해야 한다.
자녀 4에 B가 존재하기 위해서는 아버지의 감수 1분열 과정에서 비분리가 일어나 X 염색체와 Y 염색체를 동시에 가지는 비정상적인 생식세포가 형성되어야 한다. 그러한 정자가 정상적인 난자와 수정되면 자녀 4가 클라인펠터 증후군을 나타낸다는 조건을 만족할 수 있다.

ㄱ. ㉡은 열성 형질이다. (X)
ㄴ. 어머니는 A와 B^*가 연관된 염색체를 가진다. (○)
ㄷ. ⓐ는 감수 1분열에서 염색체 비분리가 일어나 형성된 정자이다. (○)

10 2017학년도 수능 8번

정답 : ㄴ

【감수 분열 with 돌연변이】에서 유형 A에 해당하고, 동물의 기본 핵상과 형질 ⓐ의 유전자형이 제시되었다.

이 동물의 기본 핵상이 $2n = 6$이므로 (가)에서 핵상이 n인 세포들은 $n = 3$이 된다.
(나)에서 세포 ⑩의 핵상은 $n = 2$이므로, B와 F, f는 같은 염색체에 존재한다는 것을 알 수 있다.
㉠과 ㉡에서 F의 DNA 상대량이 같기 때문에 ㉡까지는 F가 존재하는데, ⑩에 F가 존재하지 않으므로 염색체 비분리는 세포 ⓔ, ⑩이 형성되는 감수 2분열에서 일어났다.

ㄱ. 염색체 비분리는 감수 2분열에서 일어났다. (X)
ㄴ. ㉢으로는 B와 f가 연관된 염색체가 들어간다. (O)
ㄷ. $\dfrac{ⓔ의\ 염색체\ 수}{㉠의\ 염색\ 분체\ 수} = \dfrac{3+1}{6 \times 2} = \dfrac{1}{3}$이다. (X)

11 2018학년도 6월 평가원 13번

정답 : ㄴ

【감수 분열 with 돌연변이】에서 유형 A에 해당하는데, 2개의 생식세포 형성 과정을 다루면서 세포별 총 염색체 수와 X 염색체 수를 표로 제시하였다. 세포의 Matching이 필요한 문제이다.

문제에서 (가)와 (나)의 감수 1, 2분열 각각에서 어떤 염색체 비분리가 일어났는지 제시되었다.
사람의 감수 분열 과정에서 비분리가 연속해서 2회 일어나면
최소 21개의 염색체를 가지는 생식세포부터 최대 25개의 염색체를 가지는 생식세포까지 형성될 수 있다.
세포 ⓓ는 핵상이 n인 세포보다 염색체를 2개 더 가지는데,
X 염색체를 갖지 않으므로 7번 염색체와 Y 염색체를 하나씩 더 가지는 생식세포이다.
따라서 세포 ⓓ는 III와 IV 중 하나이다.
만약 세포 ⓓ가 IV라면, I과 III의 핵상은 $n-1$이 되어 총 염색체 수는 22, X 염색체 수는 1이어야 한다. 그러나 표에서 이를 만족시킬 수 없으므로 세포 ⓓ는 III이어야 한다.
이 경우 I의 핵상은 $n+1$이고 총 염색체 수는 24, X 염색체 수는 0이 된다.
그리고 IV의 핵상은 $n-1$이고 총 염색체 수는 22, X 염색체 수는 1이 된다.
표에서 세포를 Matching 해보면 ⓑ=I, ⓐ=IV이다.

(나)에서는 성염색체 비분리가 감수 2분열에서 일어났기 때문에,
X 염색체를 1개 갖는 ⓒ가 II가 되어야 하고 남은 ⓔ가 V가 된다.
(나)에서는 V가 형성되는 감수 2분열에서 비분리가 일어나 V로 2개의 X 염색체가 들어갔다.
II의 핵상은 $n+1$이고, V의 핵상은 $(n-1)+1 = n$이다. 따라서 ㉠=23이다.
→ ㄱ 오답

ㄴ. III(=ⓓ)는 Y 염색체를 2개 가진다. (O)
ㄷ. IV에는 7번 염색체가 없다. (X)

정답 : ㄱ, ㄴ

문제 조건을 먼저 정리하자.

(1) ㉠~㉢을 결정하는 유전자는 모두 21번 염색체에 연관되어 있다.
(2) 감수 분열 시 부모 중 한 사람에게서만 염색체 비분리가 1회 일어났다.
    그 결과로 형성된 비정상적인 생식세포와 정상 생식세포가 수정되어 다운 증후군의 아이가
    태어났고, 그 아이는 자녀 2와 3 중 하나이다.

부모와 자녀 1의 대립유전자 유무를 바탕으로 부모의 유전자 구성을 추론해야 한다.
자녀 1이 가지는 대립유전자 B, F, g는 어머니로부터, C, D, G는 아버지로부터 받은 것임을 알 수
있다.
이를 바탕으로 부모의 유전자 구성을 다음과 같이 추론할 수 있다.

$$
\text{부}: \quad
\begin{array}{c} A \\ F \\ g \end{array} \Bigg\| \begin{array}{c} C \\ D \\ G \end{array}
\qquad
\text{모}: \quad
\begin{array}{c} A \\ E \\ g \end{array} \Bigg\| \begin{array}{c} B \\ F \\ g \end{array}
$$

자녀 2는 B를 가지므로 어머니로부터 B, F, g가 연관된 염색체를 물려받는다.
그리고 G를 가지지 않으므로 아버지로부터 A, F, g가 연관된 염색체를 물려 받는다.
그런데 자녀 2에서 E가 존재하는 것은 어머니로부터 A, E, g가 연관된 염색체도 물려 받은 결과이다.
따라서 다운 증후군을 나타내는 구성원은 자녀 2이고,
어머니의 감수 1분열에서 염색체 비분리가 일어났다.

ㄱ. 자녀 1은 C, D, G가 연관된 염색체를 갖는다. (○)
ㄴ. 다운 증후군을 나타내는 구성원은 자녀 2이다. (○)
ㄷ. ⓐ는 감수 1분열에서 염색체 비분리가 일어나 형성된 난자이다. (✕)

정답 : ㄱ

문제 조건을 먼저 정리하자.

(1) ㉠~㉢을 결정하는 대립유전자는 모두 X 염색체에 연관되어 있다.

(2) 감수 분열 시 부모 중 한 사람에게서만 염색체 비분리가 1회 일어났다.
   그 결과로 형성된 비정상적인 생식세포와 정상 생식세포가 수정되어 클라인펠터 증후군의 아이가 태어났고, 그 아이는 자녀 3과 4 중 하나이다.

㉠~㉢의 열성/우성 여부를 판단하자.

㉠이 우성 형질이라면 ㉠이 발현된 아버지로부터 태어난 딸에서는 항상 ㉠이 발현되어야 한다.
그러나 자녀 2에서 ㉠이 발현되지 않았으므로 ㉠은 열성 형질이다.
㉡이 우성 형질이라면 ㉡이 발현된 아들의 어머니에서는 항상 ㉡이 발현되어야 한다.
그러나 어머니에서 ㉡이 발현되지 않았으므로 ㉡은 열성 형질이다.

누가 클라인펠터 증후군을 나타내는지는 모르지만,
자녀 3, 4 중 정상인 자녀와 자녀 1의 ㉡ 발현 여부가 다른 상태이다.
이것은 정상인 두 자녀가 어머니로부터 서로 다른 X 염색체를 받았다는 것을 의미한다.
만약 ㉢이 우성 형질이라면 ㉢에 대해서 어머니의 유전자형은 T T 가 되는데,
이 경우 자녀 2에서 ㉢이 발현되지 않아 모순이 발생한다. 따라서 ㉢은 열성 형질이다.

㉠~㉢이 모두 열성 형질인 것으로 파악한 상황에서 표를 참고하여 부모의 유전자형을 가능한 만큼 파악하자. 아버지는 X 염색체 유전자 구성이 H *[?][?]이고, 어머니는 HR *T */[?]R[?]이다.

만약 자녀 3이 정상이고, 자녀 4가 클라인펠터 증후군을 나타낸다면
자녀 3은 X 염색체 유전자 구성이 HRT *이고, 자녀 4는 H *RT */H *[?]T *이다.
이 경우 어머니의 X 염색체 유전자 구성은 HRT */H *[?]T *가 되어야 하는데,
앞서 파악한 어머니의 유전자 구성에 적용될 수 없어 모순이 발생한다.
따라서 자녀 3이 클라인펠터 증후군을 나타낸다.

X 염색체 유전자 구성이 자녀 4는 H *RT *가 되어, 어머니가 HR *T */H *RT *로 확정된다.
㉢에 대해서 어머니는 자녀 2에게 T *만을 줄 수 있는데, 자녀 2에서 ㉢이 발현되지 않았으므로
아버지가 T를 가져야 한다.
T를 가지는 아버지의 X 염색체가 자녀 3에게도 전달된다면,
자녀 3에서 ㉢이 발현된 것과 모순이 발생하므로 아버지는 자녀 3에게 Y 염색체만을 물려준다.
어머니의 유전자 구성에서 ㉠~㉢의 표현형이 자녀 3의 표현형과 같기 때문에
어머니의 X 염색체 유전자 구성이 그대로 자녀 3에게 전달되면 된다.
따라서 염색체 비분리는 어머니의 감수 1분열에서 일어났다.

ㄱ. ㉡과 ㉢은 모두 열성 형질이다. (○)

ㄴ. 자녀 3이 클라인펠터 증후군을 나타낸다. (X)

ㄷ. ⓐ는 감수 1분열에서 염색체 비분리가 일어나 형성된 난자이다. (X)

정답 : ㄴ, ㄷ

【감수 분열 with 돌연변이】에서 유형 A에 해당하는데, 2개의 생식세포 형성 과정을 다루면서 DNA 상대량 표가 제시되었다. 세포의 Matching이 필요한 문제이다.

조건을 정리하면 암컷과 수컷의 감수 분열 과정 중 감수 1분열에서 성염색체 비분리가 각각 1회씩 일어났다. 대립유전자 E, e, F, f, G, g의 연관 여부는 알 수 없다.

〈감수 분열에 관한 기본 전제〉-(a)에 의하여 f를 가지지 않는 ㉠으로부터 ㉡~㉣은 생성될 수 없다.
같은 논리로 ㉠, ㉢, ㉣ 중 e를 가지는 ㉡을 생성할 수 있는 세포는 없고,
㉢은 g를 가지는 ㉣을 생성할 수 없다.
따라서 ㉠은 III, IV 중 하나이고, ㉡은 I, II 중 하나이다.
만약 ㉡이 분열되어 ㉣이 생성되었고 ㉢이 분열되어 ㉠이 생성된 것이라면,
㉡에서 E의 DNA 상대량은 2인데 ㉣에서 E의 DNA 상대량은 4이므로 모순이 발생한다.
따라서 ㉡이 분열되어 ㉢이 생성되었고, ㉣이 분열되어 ㉠이 생성되었다.

㉡이 G를 가지지 않고, ㉢에서 g의 DNA 상대량이 0이므로 ㉢에는 G와 g가 존재하지 않는다.
G와 g가 상염색체에 존재한다면 모순이 발생하므로 G와 g는 성염색체,
그중에서도 X 염색체에 존재한다.
㉣이 분열되어 ㉠이 생성되는 과정에서 성염색체 비분리가 일어났으므로,
㉠은 G와 g를 모두 가지거나 모두 가지지 않아야 한다.
그런데 DNA 상대량 표에서 ㉠의 G의 DNA 상대량이 2이므로, ⓐ=2가 되어야 한다.
㉠과 ㉣이 성염색체에서 G와 g를 모두 가지므로, 난자 형성 과정에 해당하여 ㉣=I, ㉠=III이 된다.
자동으로 ㉡=II, ㉢=IV가 된다.
㉠은 성염색체를 정상보다 하나 더 가져 핵상이 $n+1$이 되고,
㉢은 성염색체를 정상보다 하나 덜 가져 핵상이 $n-1$이 된다.

㉡이 분열되어 ㉢이 생성되는 과정에서 F와 f에 대해서는 비분리가 일어나지 않았으므로,
F와 f는 상염색체에 존재한다. ㉠에서 F의 DNA 상대량이 2이므로, ⓒ=2이다.

㉡과 ㉢은 정자 형성 과정에 해당하는데, ㉡이 E와 e를 모두 가지므로
E와 e는 상염색체에 존재한다.
상염색체 비분리는 일어나지 않았으므로 ⓑ=2이다.

ㄱ. ㉢은 IV이다. (X)
ㄴ. ⓐ+ⓑ+ⓒ=6이다. (○)
ㄷ. ㉮와 ㉯ 모두 성염색체를 정상보다 하나 더 가진다. (○)

15 2019학년도 9월 평가원 9번

정답 : ㄱ, ㄷ

【감수 분열 with 돌연변이】에서 유형 A에 해당하는데, 일부 대립유전자들의 DNA 상대량 합이 표로 제시되었다. 세포의 Matching이 필요한 문제이다.

조건을 정리하자.
(1) (가)를 결정하는 대립유전자 H와 h, R와 r, T와 t 각 쌍은 서로 다른 상염색체에 존재한다.
(2) 정자 형성 과정에서 21번 염색체의 비분리가 1회 일어났다.

비분리에 관계없이 감수 2분열 중기인 II, III에서는 염색체가 염색 분체의 쌍으로 이루어져 있기 때문에 H, R, T의 DNA 상대량을 더한 값(이하 '합')이 짝수가 되어야 한다.
따라서 II, III은 각각 ㉠, ㉣ 중 하나이다.

이때 I에서 '합'은 Matching에 관계없이 3이 된다.
I의 DNA가 복제되고 감수 1분열을 거쳤을 때,
II와 III 중 하나는 '합'이 2이어야 하므로 II와 III이 가지는 '합'은 (2,4)이어야 한다.

세포 II가 분열되어 IV가 생성되는 감수 2분열 과정에서 비분리가 일어나지 않았다면,
IV가 가지는 '합'은 1 또는 2가 되어야 한다. 그러나 IV에서의 '합'은 3이므로 모순이 발생한다.
따라서 세포 II가 분열되어 IV가 생성되는 감수 2분열 과정에서 비분리가 일어나야 조건을 만족한다.
세포 II의 '합'이 4가 되고, 세포 II가 분열하는 과정에서 비분리가 일어난 결과로
'합'이 1인 생식세포와 '합'이 3인 생식세포가 형성된다.
정리하면 ㉠=III, ㉣=II이다.

ㄱ. ㉣=II이다. (◯)
ㄴ. 염색체 비분리는 감수 2분열에서 일어났다. (✕)
ㄷ. 정자 ⓐ는 21번 염색체를 2개 가지기 때문에, 정자 ⓐ와 정상 난자가 수정되어 태어난 아이는
    21번 염색체를 3개 가져 다운 증후군을 나타낸다. (◯)

16 2019학년도 수능 17번

정답 : ㄴ

문제 조건을 먼저 정리하자.

㉠의 유전자와 ㉡의 유전자는 연관되어 있고, 조건으로 가계도 그림과 A^*에 대한 분수값이 주어졌다. 5와 8 중 한 명은 비분리가 일어난 정자와 난자가 수정되어 태어난 돌연변이 자손이지만, 핵형은 정상이다. 염색체 개수는 정상적으로 가진다.

가계도에 돌연변이 자손이 포함되어 있으므로, 5와 8을 최대한 배제하고 나머지 자손들을 분석하자.

가계도 그림을 분석해 본다.

(1) 부모가 표현형이 같은데 자손이 다른 경우 : 1&2에서 ㉡에 대한 표현형이 같고 자손인 5와 다르다. ㉡은 열성 형질임을 알 수 있다.

(2) 엄마-아들/아빠-딸 관계에서 얻을 정보 : 돌연변이 자손인 5와 8에서는 성립하지 않는다.
3에서 ㉠이 발현되었으나 딸인 7에서 발현되지 않았다. ㉠은 성&우성이 아니다.

가계도 그림에서 바로 얻을 수 있는 정보를 얻었으니, 추가적인 조건을 분석하자.
주어진 조건은 A^*에 대한 분수 값이므로 ㉠ 형질을 먼저 분석해야겠다는 정도의 생각을 해야 한다.

$$\frac{1, 2, 6 \text{ 각각의 체세포 1개당 } A^* \text{의 DNA 상대량을 더한 값}}{3, 4, 7 \text{ 각각의 체세포 1개당 } A^* \text{의 DNA 상대량을 더한 값}} = 1$$

㉠ = 상&우성	3, 4, 7에서 A^*가 5개 존재하므로 분수 값을 만족할 수 없다.
㉠ = 상&열성	1, 2, 6에서 A^*가 5개 존재하므로 분수 값을 만족할 수 없다.
㉠ = 성&우성	가계도 그림을 분석했을 때 불가능했다.

→ ㉠ 형질은 성&열성 형질이다.
→ ㉠과 ㉡은 연관되어 있으므로 ㉡ 형질은 성&열성 형질이다.

(4) 형질에 대한 분석이 완료되었으므로 가계도 구성원의 유전자형을 다음과 같이 채워 넣자.

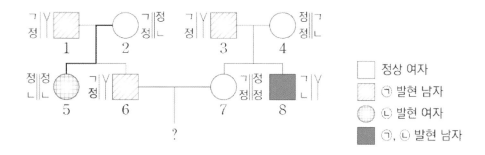

4, 5, 7의 유전자형은 확정되지 않는다. 8은 돌연변이 자손이지만 핵형이 정상이므로 유전자형을 알 수 있다. 채워 넣은 가계도를 분석하면, "5는 정상적으로 태어난 자손이 아님"을 알 수 있다. 1로부터 염색체를 받지 않았다.

→ 5는 비분리 자손, 8은 정상 자손

가계도를 다음과 같이 완성할 수 있다.

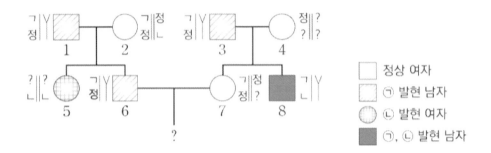

ㄱ. ㉠은 열성 형질이다. (X)

ㄴ. ⓐ의 형성 과정에서 염색체 비분리는 감수 2분열에서 일어났다. 참고로 감수 1분열에서 일어났다면 태어난 자손은 (가)와 (나)에 대해 모두 정상이다. (○)

ㄷ. 6과 7 사이에서 아이가 태어날 때, 이 아이에게서 ㉠과 ㉡ 중 ㉠만 발현될 확률은 $\frac{1}{2}$이다. (X)

17 2020학년도 6월 평가원 10번

정답 : ㄱ, ㄷ

문제 조건을 먼저 정리하자.

(1) (가)의 유전자형이 $AaBbDd$인 부모 사이에서 아이가 태어날 때, 이 아이에게서 나타날 수 있는 (가)의 표현형은 최대 5가지이다.

(2) A와 a, B와 b, D와 d의 연관 여부는 알 수 없다.

(3) 염색체 비분리가 1회 일어난 비정상적인 난자와 정상 정자가 수정되어 자녀 1과 2 중 한 명이 태어났다.

(가)는 다인자 유전이다. (가)의 표현형이 최대 5가지가 될 수 있는 유전자 구성을 찾아야 한다.

만약 A와 a, B와 b, D와 d가 하나의 염색체에 연관되어 있다면, 아래와 같은 경우의 수가 존재한다.

부모의 유전자 구성이 모두
$$\begin{array}{c|c} 1 & 0 \\ 1 & 0 \\ 1 & 0 \end{array} \quad \text{or} \quad \begin{array}{c|c} 1 & 0 \\ 0 & 1 \\ 1 & 0 \end{array} \quad \text{중 하나라면,}$$

자손의 표현형은 최대 3가지이다.

부모 중 한 사람은
$$\begin{array}{c|c} 1 & 0 \\ 1 & 0 \\ 1 & 0 \end{array} \quad \text{이고 다른 한 사람은} \quad \begin{array}{c|c} 1 & 0 \\ 0 & 1 \\ 1 & 0 \end{array} \quad \text{이라면,}$$

자손의 표현형은 최대 4가지이다.

만약 A와 a, B와 b, D와 d가 2쌍의 염색체에 나눠져 존재한다면, 아래와 같은 경우의 수가 존재한다.

부모의 유전자 구성이 모두 $\begin{array}{c|c} 1 & 0 \\ 1 & 0 \end{array}$ $\begin{array}{c|c} 1 & 0 \end{array}$ 이라면, 자손의 표현형은 최대 7가지이다.

부모의 유전자 구성이 모두 $\begin{array}{c|c} 0 & 1 \\ 1 & 0 \end{array}$ $\begin{array}{c|c} 1 & 0 \end{array}$ 이라면, 자손의 표현형은 최대 3가지이다.

부모 중 한 사람은 $\begin{array}{c|c} 1 & 0 \\ 1 & 0 \end{array}$ $\begin{array}{c|c} 1 & 0 \end{array}$ 이고 다른 한 사람은 $\begin{array}{c|c} 0 & 1 \\ 1 & 0 \end{array}$ $\begin{array}{c|c} 1 & 0 \end{array}$

이라면, 자손의 표현형은 최대 5가지가 되어 문제의 조건을 만족한다.

이 경우에서 자손에서 대문자로 표시되는 대립유전자의 수는 1부터 5까지 가능하다.

따라서 이 범위를 벗어난 자녀 2가 비정상적인 난자와 정상적인 정자가 수정되어 태어난 아이이다.

만약 A와 a, B와 b, D와 d가 서로 다른 염색체에 나눠져 존재한다면, 자손의 표현형은 최대 7가지이다.

$\dfrac{1}{1}\Big\|\dfrac{0}{0}$ $1\,\|\,0$ 의 유전자 구성을 가지는 사람에게서 생성된 정상적인 생식세포는

대문자로 표시되는 대립유전자의 수로 0, 1, 2, 3이 가능하다.

$\dfrac{0}{1}\Big\|\dfrac{1}{0}$ $1\,\|\,0$ 의 유전자 구성을 가지는 사람에게서 생성된 정상적인 생식세포는

대문자로 표시되는 대립유전자의 수로 1, 2가 가능하다.

$\dfrac{1}{1}\Big\|\dfrac{0}{0}$ $1\,\|\,0$ 의 유전자 구성을 가지는 사람의 감수 분열 과정 중 감수 2분열에서

비분리가 일어나 $\dfrac{1}{1}\Big\|\dfrac{1}{1}$ $1\,|$ 을 가지는 비정상적인 생식세포가 형성되고,

이것이 $\dfrac{1}{0}\Big|$ $1\,|$ 을 가지는 정상적인 생식세포와 수정된다면 자녀 2에서처럼

대문자로 표시되는 대립유전자의 수가 7이 될 수 있다.

따라서 어머니는 $\dfrac{1}{1}\Big\|\dfrac{0}{0}$ $1\,\|\,0$, 아버지는 $\dfrac{0}{1}\Big\|\dfrac{1}{0}$ $1\,\|\,0$ 이다.

ㄱ. (가)의 유전은 다인자 유전이다. (○)
ㄴ. 아버지에서는 A, B, D를 모두 갖는 정자가 형성될 수 없다. (X)
ㄷ. ⓐ의 형성 과정에서 염색체 비분리는 감수 2분열에서 일어났다. (○)

정답 : ㄴ

문제 조건을 먼저 정리하자.

유전자형은 $AaBbDd$이다. 각 유전자는 서로 다른 2개의 상염색체에 있다.

I~III 중 1개의 세포만 A를 가진다.

→ 이 조건은 바로 쓸 수는 없지만 분명히 Case를 제한해주는 조건이다. 이 조건을 사용하지 않으면 답이 결정되지 않을 것이다. 누락하지 않도록 주의하자.

(1) 성립하는 명제 분석하기

a/B/D	㉠	㉡	㉢
a/B/D	1/0/1	0/0/0	0/2/0

"감수 분열에 관한 기본 전제 – 세포가 어떤 유전자를 갖지 않으면 해당 세포가 그 이후에 분열한 세포도 그 유전자를 갖지 않는다."는 성립한다. 유전자의 종류가 바뀌지 않았기 때문이다.

"DNA 상대량에 관한 명제 – 어떤 유전자의 DNA 상대량이 1이면 세포의 핵상은 $2n$(복제X)이거나 n(복제X)이다."는 성립한다. 염색체 비분리가 일어나더라도 $2n$(복제)와 n(복제)는 염색분체가 복제된 상태로 존재하므로 DNA 상대량이 1일 수 없기 때문이다.

I과 II에서 감수 분열에 관한 기본 전제가 성립하고, I~III 중 1개의 세포만 A를 가진다는 조건을 활용하여 Case를 따져보자.

㉡이 II인 경우를 제외하고는 염색체 비분리로는 설명할 수 없는 모순이 발생한다.

㉡ = I인 경우	감수 분열에 관한 기본 전제에 따라 ㉠, ㉢ 중 II가 존재할 수 없음. I이 가지지 않는 유전자를 가질 수는 없기 때문. → 모순
㉡ = III인 경우	감수 분열에 관한 기본 전제에 따라 ㉠, ㉢ 중 I과 II가 존재할 수 없음. 어떻게 Matching해도 II가 I이 가지지 않는 유전자를 가지게 됨. → 모순

→ ㉡ = II

㉠에는 DNA 상대량이 1인 유전자가 존재하므로 I이 될 수 없다.

따라서 I은 ㉢, III은 ㉠이다.

(2) 돌연변이 추적하기

I에 존재했던 B가 II에서 존재하지 않으므로, 감수 2분열이 정상적으로 이뤄지지 않았다는 것을 알 수 있다. 그러므로 돌연변이는 I이 II로 분열하는 감수 2분열에서 일어났음을 알 수 있다.

ㄱ. ㉢은 A와 B를 가지고, 감수 2분열 비분리가 일어나 ㉡이 형성되었다 ㉡은 A와 B를 모두 갖지 않으므로 Q에서 A와 B가 연관되어 있다. (X)

ㄴ. 염색체 비분리는 감수 2분열에서 일어났다. (○)

ㄷ. 세포 1개당 a, b, d의 DNA 상대량을 더한 값은 II에선 1, III에선 2로 서로 다르다. (X)

정답 : ㄱ

문제 조건을 먼저 정리하자.

(1) ㉠은 다인자 유전이고 ㉠을 결정하는 데 관여하는 A와 a, B와 b, D와 d는 모두 상염색체에
존재하는데, 연관 여부는 알 수 없다.

(2) I~III 중 1개는 아버지의 세포 P의 감수 1분열에서 염색체 비분리가 1회 일어난 정자이고,
나머지 2개는 아버지의 세포 Q의 감수 2분열에서 염색체 비분리가 1회 일어난 정자이다.

II에서 A와 a가 동시에 존재하므로 II는 세포 P의 감수 1분열에서 비분리가 일어난 정자에 해당한다.
III에서 A의 DNA 상대량이 2이므로 III은 감수 2분열에서의 비분리 결과로 A를 2개 가지게 되었다.
II에서 A, B, D가 모두 존재하고 아버지의 G_1기 세포에서 대문자로 표시되는 대립유전자의 수가
3이므로 아버지의 유전자형은 AaBbDd가 된다.

문제에서 정상 난자는 최대 3개의 대문자로 표시되는 대립유전자를 가질 수 있다.
따라서 정자가 최소 5개의 대문자로 표시되는 대립유전자를 가져야 자녀 1에서 대문자로 표시되는
대립유전자의 수가 8이 될 수 있다. 이때 가능한 정자는 III밖에 존재하지 않는다.

만약 3개의 유전자가 모두 서로 다른 염색체에 존재한다면, 감수 2분열에서 비분리가 일어나 형성된
III에서 가질 수 있는 대문자로 표시되는 대립유전자의 수는 최대 4이기 때문에 모순이 발생한다.
따라서 유전자 구성에 연관이 필수적으로 존재해야 한다.
I에서 B는 존재하는데 A, D는 존재하지 않으므로 B는 A, D와 연관되어 존재할 수 없다.
따라서 아버지에서 A, a, D, d가 다음과 같이 연관되어 존재하고,
B와 b는 다른 염색체에 존재한다.

$$\begin{matrix} A \\ D \end{matrix} \Big|\Big| \begin{matrix} a \\ d \end{matrix} \qquad B \Big|\Big| b$$

감수 2분열에서 비분리가 일어나 $\begin{matrix} A \\ D \end{matrix} \Big|\Big| \begin{matrix} A \\ D \end{matrix} \quad B \Big|$ 의 구성을 가지는 정자가 형성되었을 때,

이 정자가 $\begin{matrix} A \\ D \end{matrix} \Big| \quad B \Big|$ 의 구성을 가지는 난자와 수정된다면

자녀 1과 같이 대문자로 표시되는 대립유전자의 수가 8인 자녀가 태어날 수 있다.
자녀 1의 유전자형은 AAABBDDD가 된다.

ㄱ. I은 감수 2분열에서 염색체 비분리가 일어나 형성된 정자이다. (○)

ㄴ. 자녀 1의 체세포 1개당 $\dfrac{\text{B의 DNA 상대량}}{\text{A의 DNA 상대량}} = \dfrac{2}{3}$ 이다. (X)

ㄷ. 부모의 유전자 구성이 $\begin{matrix} A \\ D \end{matrix} \Big|\Big| \begin{matrix} a \\ d \end{matrix} \quad B \Big|\Big| b$ 로 동일한 상황에서, 자녀는 대문자로 표시되

는 대립유전자를 0~6개 가질 수 있기 때문에 나타날 수 있는 ㉠의 표현형은 최대 7가지이다. (X)

정답 : ㄴ, ㄷ

문제 조건을 먼저 정리하자.

(1) (가)와 (나)의 유전자는 7번 염색체에, (다)의 유전자는 X 염색체에 존재한다.
(2) 어머니의 생식세포 형성 과정에서 어떠한 대립유전자가 변경되는 돌연변이가 1회 일어난 생식세포가 형성되었고, 이것이 정상 생식세포와 수정되어 남동생이 태어났다. 이 문제에서 대립유전자 간의 우열 관계는 알 필요 없다.

〈유전자의 유무에 관한 명제〉-(a)에 의하여 오빠의 세포 II 의 핵상은 $2n$ 이다.
오빠의 유전자형은 $AA*BBX^DY$ 이다.
〈DNA 상대량에 관한 명제〉-(h)에 의하여 남동생의 세포 IV 의 핵상은 $2n$ 이다.
남동생의 유전자형은 $A*A*BBX^{D*}Y$ 이다.
〈DNA 상대량에 관한 명제〉-(c)에 의하여 영희의 세포 III 의 핵상은 $2n$ 이다.
영희의 유전자형은 $AAB*B*X^DX^D$ 이다.

어머니와 아버지의 유전자형을 추론하자.
영희의 유전자형을 통해 어머니와 아버지는 $AB*X^D$ 를 공통적으로 가진다는 것을 알 수 있다.
아버지는 남동생에게 $A*BY$ 를 물려주었다.
따라서 아버지의 유전자형은 $AA*B*BX^DY$ 이다.

$$
\begin{array}{cc|cc}
A & & A* & \\
B* & & B & \\
\end{array}
\quad
\begin{array}{c|c}
D & Y \\
\end{array}
$$

아버지는 오빠에게 $A*BY$ 를 물려주었고, 어머니는 오빠에게 ABX^D 를 물려주었다.
따라서 어머니의 유전자형은 $AABB*X^DX^{D*}$ 이다.

$$
\begin{array}{cc|cc}
A & & A & \\
B* & & B & \\
\end{array}
\quad
\begin{array}{c|c}
D & D* \\
\end{array}
$$

어머니의 생식세포 형성 과정에서 A 가 $A*$ 로 바뀌는 돌연변이가 일어난 결과로 어머니가 남동생에게 $A*BX^D$ 를 물려주었고, 남동생의 유전자형이 $A*A*BBX^{D*}Y$ 가 되었다.
㉠$=A$, ㉡$=A*$ 이다.

ㄱ. I 이 G_1 기 세포라면 A 의 DNA 상대량이 2일 때 B 의 DNA 상대량은 1이어야 한다. (X)
ㄴ. ㉠$=A$ 이다. (○)
ㄷ. 아버지에서 $A*$, B, D 를 모두 갖는 정자가 형성될 수 있다. (○)

정답 : ㄱ

문제 조건을 먼저 정리하자.

(1) (가)를 결정하는 데 관여하는 3개의 유전자는 모두 상염색체에 있다.
(2) 아버지의 생식세포 형성 과정에서 ㉠이 1회 일어나 형성된 정자 P와 어머니의 생식세포 형성 과정에서 ㉡이 1회 일어나 형성된 난자 Q가 수정되어 자녀 ⓐ가 태어났다. ㉠과 ㉡은 염색체 비분리와 염색체 결실을 순서 없이 나타낸 것이다.

자녀 ⓐ의 체세포 1개당 H^*, R, T, T^*의 DNA 상대량을 나타낸 그림을 바탕으로 비분리가 어떻게 이루어졌는지 파악해야 한다.
먼저 ⓐ가 T를 1개, T^*를 2개 가지는데, 여기서 T와 T^*는 염색체 비분리가 일어난 생식세포의 수정에 의해 나타난 것임을 알 수 있다.
다음으로 ⓐ가 H^*는 가지지 않고 R을 2개 가지는데,
이는 ⓐ가 아버지에게서 H^*의 결실이 일어나 R만 존재하는 염색체를 물려받고
어머니에게서 H와 R이 같이 존재한 염색체를 물려받음으로써 나타나는 것이다.
따라서 ㉠은 결실, ㉡은 비분리가 된다.

자녀 ⓐ는 아버지로부터 정상적으로 T^*를 1개 물려받았기 때문에,
어머니로부터 염색체 비분리에 의해 T와 T^*를 각각 1개씩 물려받은 것이 된다.
어머니에게서 염색체 비분리는 감수 1분열에서 일어났다.

ㄱ. ⓐ는 어머니의 난자 Q에 있는 H를 받았다. (○)
ㄴ. 생식세포 형성 과정에서 염색체 비분리는 감수 1분열에서 일어났다. (X)
ㄷ. ⓐ의 체세포의 핵상은 n+1이 되어 ⓐ의 체세포 1개당 상염색체 수는 45이다. (X)

22

정답 : ㄴ, ㄷ

문제 조건을 먼저 정리하자.

$H > h$, $T > t$이며 (가)와 (나) 중 하나는 ABO식 혈액형 유전자와 같은 상염색체에 있고,
나머지 하나는 X 염색체 위에 있다.
아버지와 어머니 중 한 명의 생식세포 형성과정에서 유전자 돌연변이가 발하여 생식세포가 형성되었고,
정상 생식세포와 수정되어 자녀 1이 태어났다.

아버지-어머니-자녀2의 관계에 의해 (가)는 상&열성 형질임을 알 수 있다. (나)는 성염색체 유전이다.
아버지-자녀3의 관계에 의해 (나)는 성&열성 형질일 수 없다. (나)는 성&우성 형질이다.

자녀 2가 Bh/Oh tt이므로 아버지는 AH/Oh tY이고 어머니는 OH/Bh Tt이다.
돌연변이에 영향받지 않았을 때 자녀 1의 유전자형은 AH/Bh인데 (가)가 발현되었으므로
유전자 돌연변이에 의해 대립유전자 AH의 H가 h로 치환되는 돌연변이가 발생했음을 알 수 있다.

ㄱ. (나)는 우성 형질이다. (X)
ㄴ. ㉠은 H이다. (○)
ㄷ. 자녀3이 태어날 때,

   이 아이의 혈액형이 O형이면서 (가)와 (나)가 모두 발현되지 않을 확률은 $\dfrac{1}{4} \times \dfrac{1}{2} = \dfrac{1}{8}$이다. (○)

23 2022년 7월 교육청 20번

정답 : ㄱ, ㄷ

문제 조건을 먼저 정리하자.

$A = a$, $F > E > D > B$이며 (가), (나) 형질은 상염색체 연관이다.
대립유전자 ⓐ가 결실된 염색체를 갖는 정자와 난자가 수정되어 IV가 태어났다.
ⓐ는 B, D, E, F 중 하나이므로 (나) 형질이 결실에 영향을 받았다.
㉠~㉣을 대응시키고 ⓐ가 무엇인지 추론해보자.

$F > E > D > B$를 활용하여 어떤 식으로 5인 가족 구성원의 유전자형을 설정하든, 돌연변이가 없는 상황에서 5인 가족 내에서는 4가지 표현형이 모두 발현될 수 없다. 부모나 정상 자손에게 [B] 표현형인 사람이 있다면, 부모가 가질 수 있는 유전자의 종류는 FB, EB, DB로 최대 3가지이므로 이때 정상적인 5인 가족 내에서는 4가지 표현형이 모두 발현되는 것은 불가능하기 때문이다. 그러므로 자녀4가 [B] 표현형이어야 5인 가족 내에서 4가지 표현형이 모두 발현됨을 알 수 있다. 돌연변이에 영향받은 자녀 IV가 [B] 표현형이어야 하며, 결실로 인해 B유전자 하나만 가져야 한다.
∴ ㉣=B.

자녀 I과 IV는 (가) 형질의 유전자형이 AA, aa이므로 부모의 유전자형은 각각 Aa임을 알 수 있다.
자녀 IV의 a, B유전자는 어머니가 정상적으로 제공한 유전자이므로 어머니는 aB/A?이다.
어머니는 자녀 I에게 A와 ?가 연관된 염색체를 제공하는데 둘의 (나) 표현형이 다르므로 어머니는 F를 가질 수 없다. 그러므로 ㉠=F이며 자녀 I은 AF/A?이고, 아버지로부터 A와 F가 연관된 염색체를 받았으므로 아버지는 AF/a?이다.
자녀 III은 (가) 형질의 유전자형이 Aa이며 F를 가질 수 없으므로 A는 어머니로부터 받았다.
이때 둘의 표현형이 다르므로 ㉡=[D], ㉢=[E]이다.
어머니는 자녀 III과 A와 D가 연관된 염색체를 공유하겠다.
어머니는 AD/aB. 부모에게 네 종류의 유전자가 모두 존재해야 하므로 아버지는 AF/aE임을 알 수 있다.

ㄱ. 아버지는 a를 자녀 IV에게 제공해야 한다.
　　이때 a와 E가 연관된 염색체에서 E가 결실된 것을 자녀 IV가 받았다. ⓐ는 E이다. (○)
ㄴ. 자녀 II는 ㉠ 표현형이므로 아버지로부터 F를 받아야 한다.
　　이때 A와 F가 연관된 염색체를 받으므로 (가)에 대한 유전자형이 aa일 수 없다. (X)
ㄷ. 자녀 IV의 동생이 태어날 때,
　　이 아이의 (가)와 (나)에 대한 표현형이 모두 아버지와 같을 확률은 $\frac{1}{4}$이다. (○)

정답 : ㄱ, ㄷ

문제 조건을 먼저 정리하자.

표는 자녀 1의 적혈구와 각 구성원의 혈청과의 응집 여부를 나타낸 것이다.
자녀 1은 A형이므로 자녀 1의 적혈구와 응집된다면 그 구성원은 응집소 α를 갖는 O형 또는 B형이며, 응집되지 않는다면 A형 또는 AB형이다.

아버지, 어머니, 자녀 2, 자녀 3의 ABO식 혈액형은 서로 다르다. 적록색맹은 성&열성 형질이며 편의상 적록색맹을 결정하는 대립유전자 쌍을 H가 h에 대해 완전우성인 형태라고 하겠다.
자녀 2, 3의 핵형이 정상이며 I, III의 염색체수가 같으므로 {I, III}과 {II, IV}는 각각 $n-1$, $n+1$ 중 하나인 정자들과 난자들이다.

부모의 혈청이 자녀 1의 적혈구와 응집된다면 부모가 O형 또는 B형이므로 A형인 자녀 1이 태어날수 없다. 응집되지 않으면서 부모 중 하나가 적어도 AB형이어야 한다.
O형인 자손이 태어나야 하므로 나머지 부모는 A형(AO)이어야 한다.
구성원의 핵형이 모두 정상이므로 O형인 자손은 A형인 부모에서 감수 2분열 비분리가 발생하여 O유전자 2개를 받고, AB형인 부모로부터는 ABO식 혈액형의 대립유전자를 받지 못한다.

적록색맹은 자녀 2에서만 열성 표현형이 발현되었다. 나머지 구성원은 우성 표현형이므로 전부 우성유전자를 가져야 한다.
자녀 2는 여성이므로 유전자형이 hh이다. 그런데 아버지는 HY이므로 Hh인 어머니에게서 감수 2분열 비분리가 일어나 hh인 자손이 태어난 것으로 설명된다. {II, IV}가 $n+1$이므로 어머니가 A형이다. 아버지는 AB형이 된다.

ㄱ. I은 성염색체에서 비분리가 일어나 형성된 핵상이 $n-1$인 정자이고, III은 상염색체에서 비분리가 일어나 형성된 핵상이 $n-1$인 정자이다. 자녀 3은 여성이므로 III에는 X 염색체가 1개 존재한다. I은 X 염색체가 없으므로 세포 1개당 X 염색체 수는 III이 I보다 크다. (O)

ㄴ. 아버지의 ABO식 혈액형은 AB형이다. (X)

ㄷ. IV가 형성될 때 염색체 비분리는 감수 2분열에서 일어났다. (O)

정답 : ㄱ, ㄴ

문제 조건을 먼저 정리하자.

(가)는 다인자 유전이며, H, h와 T, t는 서로 다른 염색체 위에 있다. 아버지 쪽에서 비분리가 발생하여 형성된 정자가 정상 난자와 수정되어 핵형이 비정상인 자녀 3이 태어났다.

어머니는 4종류의 유전자를 모두 가지므로 유전자형이 HhTt이며 ⓛ=2이다. 어머니의 유전자형이 HhTt라는 것으로 인해 핵형 정상 자손은 적어도 2종류 이상의 유전자를 가지게 되므로 자녀 1은 ⓐ와 ⓓ를 가진다. 이때 자녀 1은 2종류의 유전자만 가지므로 ⓐ와 ⓓ의 상대량이 각각 2인 구성원이다. 모든 형질에 대해 동형 접합성이므로 ⓒ은 0과 4중 하나가 되고, ⓐ와 ⓓ는 모두 대문자이거나 소문자일 것이다.

자녀 1에 의해 어머니와 아버지는 모두 ⓐ와 ⓓ를 가지며, 아버지는 3종류의 유전자만 가지기에 ⓐ와 ⓓ 중 하나가 속한 대립유전자 쌍에서 동형 접합성을 나타낸다. 자녀 2가 ⓓ를 안 가지므로 아버지는 ⓐⓐⓑⓓ가 된다. 즉, ⓐ와 ⓒ, ⓑ와 ⓓ가 대립유전자 관계가 된다.

가족 구성원 모두가 ⓐ 유전자를 가지는데, ⓒ이 4라면 나머지 ⓞ, ⓛ, ⓔ, ⓜ에서 0이 나올 수 없다. 따라서 ⓒ=0이다. 아버지가 대문자 1개, 자녀 2가 대문자 3개 표현형이 되며 이에 따라 자녀3은 대문자 4개 표현형이 된다.

자녀3이 소문자인 ⓐ 유전자를 가지는데 대문자 개수가 4가 되려면 핵상이 $2n+1$이어야 한다. 아버지의 유전자형이 ⓐⓐⓑⓓ, 어머니의 유전자형이 ⓐⓑⓒⓓ이므로 아버지에서 감수 2분열 비분리가 일어나 형성된 ⓐⓑⓑ와 어머니에서 정상적으로 형성된 ⓑⓒ가 수정되어 ⓐⓒⓑⓑ가 되어야 자녀 3이 가지는 대문자의 개수가 4가 될 수 있다.

ㄱ. 아버지의 유전자형이 ⓐⓐⓑⓓ이므로 t가 ⓐ, ⓓ 중 무엇이 되었든 간에 아버지는 t를 갖는다.

(O)

ㄴ. ⓐ는 ⓒ와 대립유전자이다. (O)

ㄷ. 염색체 비분리는 감수 2분열에서 일어났다. (X)

26 2023년 3월 교육청 19번

정답 : ㄴ

㉠이 2이고 ㉡이 1이라면 I이 (A,a)가 (2,1)이 되기에 중복 돌연변이에 영향받은 세포가 된다. II는 1과 2를 모두 갖는 세포이면서 정상 세포이기에 이 사람은 D를 동형접합으로 가져 d를 갖지 않아야 한다. 그런데 d를 갖는 세포가 존재하므로 이는 모순이다.

그러므로 ㉠이 1이고 ㉡이 2이다. 이 사람은 A와 a를 모두 갖는데 II는 a를 갖지 않으므로 핵상이 n인 세포이다. 그런데 핵상이 n인 세포가 1과 2를 모두 가지므로 II는 중복으로 인해 b를 더 갖는 세포임을 알 수 있다.

ㄱ. ㉠은 1이다. (X)
ㄴ. ⓐ는 b이다. (○)
ㄷ. P에서 (가)의 유전자형은 AabbDd이다 (X)

27 2023년 4월 교육청 17번

정답 : ㄱ, ㄴ

㉢, ㉣은 모두 남자인데 D의 DNA 상대량이 2이다. D가 X 염색체 위에 있으면 ㉢, ㉣이 모두 비정상 자식이 되어 모순이다. ㉣, ㉤ 또한 모두 남자인데 A의 DNA 상대량이 2이므로 같은 이유로 (가)는 X 염색체 위에 있지 않다. 그러므로 (나)가 X 염색체 위에 있다.

㉡이 어머니라면 반드시 ㉢, ㉣ 중 하나가 아버지가 아닌 남자 자식이 된다. 그런데 여자인 ㉡은 b와 D의 DNA 상대량이 각각 2, 0인데 남자인 ㉢과 ㉣의 b와 D의 DNA 상대량은 각각 0, 2이므로 부모 자식 관계가 되면 X 염색체와 7번 염색체가 모두 돌연변이에 영향받은 상태가 된다. 즉 ㉡이 아니라 ㉠이 어머니이다.

앞서 언급한 이유로 여자 자식인 ㉡과 남자인 ㉢, ㉣은 서로 부모 자식 관계가 되면 안 되므로 나머지 남자인 ㉤이 아버지가 된다. 어머니와 아버지는 모두 (다)의 유전자형이 Dd이므로 D의 DNA 상대량이 같은 사람끼리는 A의 DNA 상대량도 동일해야 한다. 그런데 ㉣과 ㉤의 A의 DNA 상대량이 서로 다르므로 ㉢, ㉣ 중에 비정상 자식이 있음을 알 수 있다.

㉡은 정상 자식이므로 Ad/Ad bb이며, ㉠(어머니)는 Ad/aD가 되며, ㉤(아버지)는 AD/Ad이다. 정상적으로 D의 DNA 상대량이 2인 자식은 AD/aD가 되어야 하므로 ㉣은 아버지 쪽에서 감수 2분열 비분리가 발생하여 AD/를 두 개 갖는 정자(ⓐ)가 비정상 난자(ⓑ)와 수정되어 태어난 자식이다.

ㄱ. (나)의 유전자는 X 염색체에 있다 (○)
ㄴ. 어머니에게서 A, b, d를 모두 갖는 난자가 형성될 수 있다. (○)
ㄷ. ⓐ의 형성과정에서 염색체 비분리는 감수 2분열에서 일어났다. (X)

정답 : ㄱ

아버지의 체세포는 ㉮,㉯를 모두 가져야 하는데 세포 I은 O가 하나이므로 핵상이 n이다. 자녀 1은 ㉮~㉭ 중 3개나 가지므로 반드시 같은 종류의 염색체인 (㉮, ㉰)를 모두 갖거나 (㉯, ㉭)를 모두 가져야 한다. 즉 자녀 1의 핵상은 2n이다.

I의 A+b+D가 0이므로 I은 ㉮′와 ㉯를 가져야 한다. ㉠이 ㉯이다. 어머니는 ㉰, ㉭를 가지기 때문에 ㉡, ㉣은 각각 ㉰, ㉭중 하나이므로 ㉢이 ㉮이다. II가 ㉰, ㉭만을 갖는 n(복제X)세포이면 A+b+D가 2 이하이여야 하는데 그렇지 않으므로 II는 핵상이 2n인 세포이다.

자녀 1과 2는 ㉠과 ㉣의 보유 여부가 동일한데 ㉢의 보유 여부가 다르다. ㉢(㉮)에는 A와 b가 존재하기에 돌연변이에 영향받지 않았다면 두 사람의 A+b+D 값은 서로 달라야 한다. 이때 두 세포 III과 IV의 A+b+D 값이 같은 것은 자녀 2가 비분리로 인해 A,b,D 중 2개를 추가로 더 받았기 때문이다. 이는 A와 b가 연관된 염색체를 더 받아야만 가능하다.

A와 b가 연관된 염색체는 아버지가 갖는 ㉮와 어머니가 갖는 ㉰′만 가능한데, 자녀 2는 ㉮를 갖지 않으므로 어머니 쪽에서 비분리가 일어나 ㉰′를 추가로 더 갖는 난자가 수정되어 자녀 2가 태어났음을 알 수 있다.

자녀 1이 ㉰를 가지지 않으면 ㉰′를 갖게 되어 III의 A+b+D가 3이라는 것에 모순이다. ㉣은 ㉰이며, ㉡은 ㉭이다. 즉 자녀 1이 갖는 ㉰에 A와 b중 하나가 있어야하므로 어머니는 A와 B가 연관된 염색체를 가져야 하며, 핵상이 2n인 세포 II에서 A+b+D 값이 3이므로 어머니는 Ab/AB d/d이어야 한다. 각 세포에 있는 염색체를 정리하면 아래와 같다.

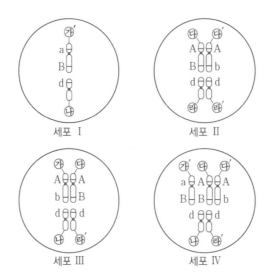

세포 I 세포 II

세포 III 세포 IV

ㄱ. ㉡은 ㉭이다. (○)

ㄴ. 어머니의 (가)~(다)에 대한 유전자형은 AABbdd이다. (X)

ㄷ. 자녀2는 어머니로부터 ㉰와 ㉰′를 모두 받았기에 ⓐ는 감수 1분열에서 염색체 비분리가 일어나 형성된 난자이다. (X)

29 2023년 10월 교육청 18번

정답 : ㄴ

㉣의 D의 DNA 상대량이 4라는 것을 통해 돌연변이와 관계없이 이 사람의 유전자형이 DD임을 알수 있다. 이 사람은 A,a,B,b를 모두 가지므로 유전자형이 AABbDD인 사람이다. G_1기 세포로 가능한 것은 이 사람의 유전자형을 고려하였을 때 ㉡이 유일하다. ㉡이 I이며, ⓑ는 1이다. I이 복제되어 형성된 II로는 ㉣만 가능하다.

V가 가지는 대립유전자는 III이 반드시 가져야 하므로 이 논리를 적용하여 ㉠, ㉢, ㉤를 III~V에 매칭해보면 ㉠=IV, ㉢=III, ㉤=V가 된다. 핵상이 n(복제x)인 세포 IV의 DNA 상대량에 짝수 2가 존재한다는 것은 감수 2분열에서 비분리가 일어났다는 것을 의미한다. A와 a, B와 b, D와 d는 모두 하나의 염색체에 묶여 있으므로 이 사람이 갖는 D에도 비분리가 적용되어 ⓐ=2가 되어야 한다.

ㄱ. ㉠은 IV이다. (X)
ㄴ. ⓐ가 2이고 ⓑ가 1이므로 ⓐ+ⓑ=3이다. (○)
ㄷ. V의 염색체 수는 23이다. (X)

30 2024학년도 6월 평가원 17번

정답 : ㄴ, ㄷ

어머니가 dd이고 아버지가 AA이므로 자녀 1, 2는 반드시 A와 d를 갖는다. 자녀 1에서 A+b+D와 a+b+d의 합이 8이므로 유전자형이 Ab/Ab Dd이다. 자녀2는 자녀 1과 (가)유전자형이 같으므로 AA이다.

자녀 2는 어머니로부터 Ab/를 받고 아버지로부터 A?/를 받는데 A+b+D 값이 3이므로 유전자형은 Ab/AB dd이다.

자녀 3은 13번 염색체의 비분리 영향을 받아 체세포 1개당 염색체수가 47개가 되었다. 어머니에게서 적어도 하나의 13번 염색체(d)를 받는데, a+b+d가 1이므로 자녀 3은 DDd이며 아버지 쪽 감수 2분열 비분리의 영향을 받아 태어났다. 또한 자녀 3은 a,b를 갖지 않고 대문자만 가진다. 결실은 어머니 쪽에서 발생하였다.
자녀 1~3은 (가) 유전자형이 동일하므로 A?/A? DDd인데 더 이상 b를 가져서는 안되므로 ? 자리에 B만 들어가야 한다. 아버지는 정상적으로 AB/를 제공하면 되지만, 어머니는 정상적으로 A를 제공할 때 b를 반드시 같이 제공해야 하므로 결실의 영향으로 어머니는 A만 있고 b가 결실된 염색체를 자녀 3에게 제공함을 알 수 있다. 자녀 3의 유전자형은 AB/AX DDd이다.

ㄱ. 자녀 2는 D를 갖지 않으므로 A,B,D를 모두 갖는 생식세포가 형성될 수 없다. (X)
ㄴ. 어머니 쪽에서 결실이 발생하였으므로 ㉠은 7번 염색체 결실이다. (○)
ㄷ. 염색체 비분리는 감수 2분열에서 일어났다. (○)

정답 : ㄱ, ㄴ, ㄷ

완전 우성 & 중간	복대립	다인자
X	X	Only, 연관

조건을 정리하자.

(1) 어머니의 (가)에 대한 유전자형이 HHTt

어머니의 유전자형에 대한 정보를 통해서 유전자 배치를 알 수 있다.

(2) ⓐ의 동생의 표현형이 최대 2가지, 유전자형이 최대 4가지

어머니에게서 만들어질 수 있는 생식세포에서 대문자의 개수에 대한 경우의 수가 2가지이므로 아버지는 아래와 같이 이형접합이 교차로 된 유전자 배치를 가져야 조건 (2)를 만족시킬 수 있다.

$$\begin{Vmatrix} H \\ t \end{Vmatrix} \begin{Vmatrix} h \\ T \end{Vmatrix} \quad / \quad \begin{Vmatrix} H \\ T \end{Vmatrix} \begin{Vmatrix} H \\ t \end{Vmatrix}$$

아버지는 ⓐ에게 대문자로 표시되는 대립유전자를 1개밖에 못 주기에, 어머니의 비분리에서 대문자로 표시되는 대립유전자를 3개를 주어야 한다.

이를 바탕으로 비분리를 추론하면 감수 1분열에서 HHTt가 모두 ⓐ에게 전달되어야 한다.

ㄱ. 아버지의 (가)에서 대문자로 표시되는 대립유전자는 2개이다. (○)
ㄴ. 자녀의 유전자형으로 가능한 것들은 HHTt, HHtt, HhTT, HhTt로 4가지다. (○)
ㄷ. 염색체 비분리는 감수 1분열에서 발생했다. (○)

32 2024학년도 수능 17번

정답 : ㄱ, ㄴ, ㄷ

자녀3-어머니의 표현형을 고려하였을 때 ㉠은 성&우성 형질이 아니고, ㉡은 성&열성 형질이 아니다.

(가)~(다) 중 2개의 형질이 X 염색체 위에 있는데, 자녀 1과 자녀 3은 2개의 형질에서 표현형이 다르므로 어머니로부터 서로 다른 X 염색체를 물려받은 남자 자식임을 알 수 있다.
즉, 자녀 1과 3의 서로 다른 두 염색체를 조합하면 어머니의 유전자형을 구성할 수 있다.
㉢이 성&우성 형질인 (나)가 되면 두 아들이 서로 다른 X 염색체에 모두 B가 존재하므로 어머니가 BB가 된다.
그러나 어머니와 자녀 2의 ㉢표현형이 서로 다르므로 모순이다.
나머지인 ㉡이 성&우성 형질인 (나)가 된다.
어머니는 (나)의 유전자형이 Bb이면서 자녀 4에 b만 제공한다.

㉠이 (다)이면 어머니는 BD/bd 아버지는 bd/Y가 되는데, 이 경우 자녀 4와 같이 (나)와 (다)의 표현형이 [bD]인 클라인펠터 자식이 태어날 수 없다.
따라서 ㉠이 (가), ㉢이 (다)이다. 구성원의 유전자형을 정리하면 아래와 같다.

구성원	성별	상염색체 우성 ㉠	X염색체 우성 ㉡	X염색체 열성 ㉢	
아버지	남	○Aa	×	×	—(X^{bD}Y)
어머니	여	×aa	○	ⓐ○	—(X^{Bd}X^{bd})
자녀 1	남	×aa	○	○	—(X^{Bd}Y)
자녀 2	여	○Aa	○	×	—(X^{Bd}X^{bD})
자녀 3	남	○Aa	×	○	—(X^{bd}Y)
자녀 4	남	×aa	×	×	—(X^{bd}X^{bD}Y)

(○: 발현됨, ×: 발현 안 됨)

ㄱ. ⓐ는 O이다. (○)

ㄴ. 자녀 2는 A,B,D를 모두 갖는다. (○)

ㄷ. 어머니가 d만 가지므로 자녀 4에서 (다)가 발현되지 않으려면 아버지로부터 Y 염색체와 함께 D가 있는 X 염색체를 받아야 한다. 즉 G는 아버지에게서 형성되었다. (○)

memo

Unit

05

생태계와 상호 작용

01 2017학년도 수능 9번

정답 : ㄱ, ㄴ

ㄱ. 개체군은 같은 종으로 구성된다. (○)

ㄴ. 개체군은 언제나 환경 저항을 받는다. (○)

ㄷ. ⊙의 면적을 S라고 하면 ⓒ의 면적은 $2S$이므로 각각 $\dfrac{200}{S}$, $\dfrac{100}{2S}$이므로 같지 않다. (X)

02 2018학년도 수능 18번

정답 : ㄱ

ㄱ. 비생물적 요인이 환경적 요인에 영향을 주므로 ⊙에 해당한다. (○)

ㄴ. 분해자는 생물적 요인에 해당한다. (X)

ㄷ. 하나의 개체군은 하나의 종으로 구성된다. (X)

03 2020학년도 6월 평가원 20번

정답 : ㄱ, ㄴ, ㄷ

ㄱ. 구간 I에서 그래프의 기울기는 A가 B보다 가파르므로
개체수는 B보다 A에서 더 많이 증가했다. (○)

ㄴ. 개체군에 환경 저항은 항상 작용한다. (○)

ㄷ. B의 개체수는 t_2일 때가 t_1일 때보다 많다. (○)

04 2020학년도 9월 평가원 11번

정답 : ㄴ, ㄷ

ㄱ. 서로 다른 종은 한 개체군을 이룰 수 없다. (X)

ㄴ. 개체군에 환경 저항은 항상 작용한다. (○)

ㄷ. t_1에서 t_2로 시간이 흐르면서 B의 개체수는 감소했고,
A의 개체수는 증가했으므로 B의 상대 밀도는 t_1에서가 t_2에서보다 크다. (○)

05 2020학년도 수능 20번 + 2024학년도 수능 6번

정답 : ㄴ, ㄹ, ㅂ

ㄱ. 뿌리혹박테리아는 생물적 요인에 해당한다. (X)

ㄴ. 곰팡이는 생물 군집에 속한다. (○)

ㄷ. 같은 종의 개미가 일을 분담하며 협력하는 것은 개체군 내의 상호작용에 해당한다. (X)

ㄹ. 기온은 비생물적 환경요인이고,
이것이 생물적 요인에 포함되는 나무의 생명 활동(나뭇잎의 색 변화)에 영향을 미쳤다. (○)

ㅁ. 나무의 생명 활동은 생물적 요인이고,
이것이 비생물적 환경 요인에 포함되는 토양 수분의 증발량에 영향을 미쳤다. ⓒ에 해당한다. (X)

ㅂ. 빛의 세기는 비생물적 환경요인이고,
이것이 생물적 요인에 포함되는 참나무의 생장에 영향을 미쳤다. (○)

06 2020년 10월 교육청 17번

정답 : ㄱ, ㄷ

ㄱ. 개체군에 환경 저항은 항상 작용한다. (○)

ㄴ. (나)에서 A와 B 사이에는 경쟁 배타가 일어났고, 그 결과 B가 사라졌다. (X)

ㄷ. B에 대한 개체군의 최대 크기인 환경 수용력은 (가)에서가 (다)에서보다 작다. (○)

07 2022학년도 9월 평가원 6번

정답 : A, B, C

학생 A. 생물적 요인에는 생산자, 소비자, 분해자가 있다. (○)

학생 B. 영양염류는 비생물적 환경 요인에 해당한다. (○)

학생 C. 해당 현상은 생물적 요인이 비생물적 환경 요인에 영향을 미치는 예이다. (○)

08 2017학년도 9월 평가원 18번

정답 : ㄱ, ㄴ

문제에서 밀도만 물어봤으니까 개체수만 잘 세면 된다.

A와 B에서의 개체수를 정리하면 다음과 같다.

A		B	
참나물	5	참나물	10
개망초	7	개망초	10
패랭이꽃	13	패랭이꽃	10
합	25	합	30

ㄱ. A에서 참나물의 상대 밀도는 $\frac{5}{25} \times 100 = 20\%$ 이다. (○)

ㄴ. 같은 지역에서 둘의 개체 수가 같으니 개체군 밀도도 같다. (○)

ㄷ. 두 지역 모두 세 종이 관찰된다. (X)

09 2018학년도 9월 평가원 20번

정답 : ㄱ

A는 관목림, B는 양수림, C는 음수림이다.

→ ㄷ 오답

ㄱ. 호수에서 천이가 시작되므로 습성 천이이다. (○)

ㄴ. 관목림에서 우점종은 관목이다. (X)

10 2021학년도 6월 평가원 11번

정답 : ㄱ, ㄴ, ㄷ

상대 피도의 합은 100이므로 ⑤은 32이다.

→ ㄱ 정답

종 A~C의 상대 밀도(%)는 순서대로 44%, 18%, 38%이고,[1]

종 A~C의 상대 빈도(%)는 순서대로 40%, 20%, 40%이다.

중요치를 계산해보면 이 군집의 우점종은 C이다.

→ ㄴ, ㄷ 정답

---

1) 개체 수 하나 차이로 그렇게 큰 차이가 나지 않으니 그냥 190, 80, 170으로 계산하자.

11 2020년 7월 교육청 18번

정답 : ㄴ

상대 밀도가 18%, 20%이고, I과 II의 전체 개체수가 같으므로 개체수의 비도 9 : 10이다.

개체수가 9 : 10인 것은 I에서의 A와 B와 II에서의 A와 C이다.

그러나 상대 밀도의 값이 18%, 20%인 것은 I에서의 A와 B이다.

그러므로 ㉠은 A, ㉡은 B이다.

→ ㄱ 오답

ㄴ. 면적이 동일하고 개체수도 동일하므로 I과 II에서 같다. (○)

ㄷ. I에서 관찰되는 종도 많고 개체수의 비율이 더 균등하므로 I에서의 종 다양성이 더 높다. (X)

12 2021학년도 9월 평가원 9번

정답 : ㄱ, ㄴ, ㄷ

ㄱ. 단독 배양했을 때 A는 온도 T_2까지 서식할 수 있었지만,
혼합 배양했을 때 서식하는 온도의 범위가 줄어들었다. (○)

ㄴ. $T_1 \sim T_2$ 구간에서 A와 B 사이에서 경쟁이 일어났으므로 해당 현상은 경쟁 배타의 결과이다. (○)

ㄷ. A와 B는 서로 다른 종이므로 혼합 배양했을 때 구간 II에서 군집을 이룬다. (○)

13 2021학년도 수능 12번

정답 : ㄱ, ㄴ, ㄷ

(가)는 '기생'의 예이고, (나)는 '상리공생'의 예이다.

'기생'에서는 기생 생물이, '상리공생'에서는 두 생물종 모두가 이익을 얻는다.

→ ㄱ, ㄴ 정답

ㄷ. 두 생물종 모두 이익을 얻으므로 상리공생의 예에 해당한다. (○)

14 2021학년도 수능 20번

정답 : ㄱ, ㄷ

I의 식물 군집에서 종 A~C의 중요치는 순서대로 94%, 87%, 119%이다.

그러므로 I의 식물 군집에서 우점종은 C이다.

→ ㄱ 정답

ㄴ. 지역 I과 II는 면적이 동일하므로 두 지역에 대해서 개체군 밀도를 비교할 때는 개체수만 비교하면 된다.

I의 A는 개체수가 $100 \times \dfrac{30}{100} = 30$이고, II의 B는 개체수가 $120 \times \dfrac{25}{100} = 30$이다.

개체군 밀도는 서로 같다. (X)

ㄷ. 종의 수가 같은 두 지역에서 종의 비율이 상대적으로 더 고른 I에서 종 다양성이 더 높다. (○)

15 2021년 4월 교육청 12번

정답 : ㄴ, ㄷ

주어진 총 개체수와 상대 빈도의 합이 100이라는 것을 이용해 표를 전부 채울 수 있다.

ㄱ. (가)에서의 개체군 밀도는 $\dfrac{40}{2S}$, (나)에서의 개체군 밀도는 $\dfrac{25}{S}$이므로 (나)에서 더 크다. (X)

ㄴ. $\dfrac{31}{100} \times 100 = 31\%$이다. (○)

ㄷ. (가)에서는 30%, (나)에서는 33%이다. (○)

16 2022학년도 6월 평가원 13번 변형

정답 : ㄱ, ㄹ

ㄹ 선지 하나 추가했다.

ㄱ. I 시기 동안 분자는 증가하고 분모는 일정하므로 증가한다. (○)

ㄴ. C는 2차 소비자이다. (X)

ㄷ. A와 B사이에 경쟁이 일어나지 않는다. A와 B는 포식과 피식 관계를 이룬다. (X)

ㄹ. 종 B와 C는 포식과 피식 관계를 이룬다. (○)

17 2022학년도 6월 평가원 18번 변형

정답 : ㄱ, ㄴ

기존 문제가 너무 단순해서 조금 변형했다.
상대 밀도, 상대 빈도, 상대 피도의 합이 100임을 이용해 빈칸을 구할 수 있다.

ㄱ. 종 A의 중요치가 70으로 가장 높기 때문에, 이 군집에서 우점종은 A이다. (○)
ㄴ. 상대 피도가 가장 높은 종은 B이다. (○)
ㄷ. 상대 빈도는 D가 E보다 높다. (X)

18 2022학년도 9월 평가원 11번

정답 : ㄱ, ㄷ

문제가 길긴 한데 쉽다.

ㄱ. 생태적 지위가 비슷한 개체군들이 경쟁을 피하기 위해 생활 지위를 달리하는 현상은 분서에 해당한다. (○)
ㄴ. 서로 다른 종은 개체군을 이룰 수 없다. (X)
ㄷ. IV 시기에 A와 B 사이에 경쟁이 일어났고, 경쟁 배타의 결과로 A가 사라졌다. (○)

19 2022년 3월 교육청 18번

정답 : ㄱ, ㄴ, ㄷ

토끼풀의 빈도가 $\frac{3}{4}$이므로 D에는 더 이상 토끼풀이 관찰되지 않는다. 토끼풀의 개체 수는 5이며 질경이와 강아지풀의 밀도가 토끼풀 밀도의 2배이므로 질경이와 강아지풀의 개체 수는 D에 표현되지 않은 개체를 포함하여 각각 10이다. 토끼풀, 질경이, 강아지풀의 상대밀도는 각각 20%, 40%, 40%이며, 상대빈도는 30%, 30%, 40%이다.

ㄱ. D에 질경이가 있다. (○)
ㄴ. 토끼풀의 상대밀도는 20%이다. (○)
ㄷ. 질경이의 상대 밀도와 상대 빈도의 합은 강아지풀의 상대 밀도와 상대 빈도의 합보다 작다. 중요치가 가장 큰 종은 질경이므로 상대피도는 질경이가 강아지 풀보다 커야 한다. (○)

20 2022년 4월 교육청 17번

정답 : ㄴ, ㄷ

ㄱ. 해양 달팽이의 종수는 위도 L_2에서가 L_1에서보다 적다. (X)

ㄴ. 평균 해수면 온도가 높을수록 해양 달팽이의 종 수가 증가하는 것은 비생물적 요인이 생물에 영향을 미치는 예에 해당한다. (○)

ㄷ. 종 다양성이 높을수록 생태계가 안정적으로 유지된다. (○)

21 2023학년도 6월 평가원 9번

정답 : A

A : 동일한 생물 종이라도 형질이 각 개체 간에 다르게 나타나는 것은 유전적 다양성을 의미하므로, 같은 종의 무당벌레에서 색과 무늬가 다양하게 나타나는 것은 유전적 다양성에 해당한다. (○)

B : 한 생태계 내에 존재하는 생물 종의 다양한 정도를 종 다양성이라고 한다. (X)

C : 종 수가 같을 때 전체 개체 수에서 각 종이 차지하는 비율이 균등할수록 종 다양성은 높아진다. (X)

22 2023학년도 6월 평가원 14번

정답 : ㄴ

ㄱ. 같은 종의 기러기가 무리를 지어 이동할 때 리더를 따라 이동하는 것은 개체군 내의 상호 작용이므로 ⓒ에 해당한다. (X)

ㄴ. 빛의 세기가 소나무의 생장에 영향을 미치는 것은 비생물적 요인이 생물적 요인에 영향을 미치는 것이므로 ⓒ에 해당한다. (○)

ㄷ. 군집에는 비생물적 요인이 포함되지 않는다. (X)

23 20223학년도 6월 평가원 20번

정답 : ㄷ

기생충인 촌충과 숙주의 상호 작용은 기생인 (가)의 예이고, 두 종이 모두 이익을 얻는 상호 작용인 (나)는 상리 공생이다.

ㄱ. (가)는 기생이다. (X)

ㄴ. 경쟁을 하는 두 종은 모두 손해를 입으므로 ⓒ은 '손해'이다. (X)

ㄷ. '꽃은 벌새에게 꿀을 제공하고, 벌새는 꽃의 수분을 돕는다.'에서 꽃을 가진 식물과 벌새가 모두 이익을 얻고 있으므로 상리 공생의 예에 해당한다. (○)

24 2023학년도 9월 평가원 3번

정답 : ㄴ, ㄷ

(가)는 생물 군집에 해당하는 식물이 비생물적 요인에 속하는 대기의 산소에 영향을 미치는 ⓒ이고, (나)는 비생물적 요인에 해당하는 영양염류가 생물적 요인에 속하는 플랑크톤에 영향을 미치는 ⓑ이며, (다)는 ⓐ이다.

ㄱ. (가)는 ⓒ이다. (X)
ㄴ. 영양염류에는 질산염, 인산염 등이 있고, 비생물적 요인에 해당한다. (O)
ㄷ. 생태적 지위가 비슷한 서로 다른 종의 새가 경쟁을 피해 활동 영역을 나누어 살아가는 분서는 서로 다른 개체군 사이의 상호 작용인 (다)의 예에 해당한다. (O)

25 2023학년도 9월 평가원 12번

정답 : ㄴ

B의 개체 수가 36, 상대 밀도가 30%이므로 상대 밀도가 20%인 A의 개체 수는 24이고, 개체 수가 12인 C의 상대 밀도는 10%이며, A~D의 상대 밀도를 모두 더한 값은 100%이므로 D의 상대 밀도는 40%이고, D의 개체 수는 ㉠=48이다.
빈도가 0.4인 A의 상대 빈도가 20%이므로 빈도가 0.7인 B의 상대빈도는 35%이고, A~D의 상대 빈도를 모두 더한 값은 100%이므로 D의 상대 빈도는 35%이고, D의 빈도는 0.7이다. A~D의 상대 피도를 모두 더한 값은 100%이므로 C의 상대 피도는 30%이다.

ㄱ. ㉠은 48이다. (X)
ㄴ. 지표를 덮고 있는 면적이 가장 작은 종은 상대 피도가 가장 작은 A이다. (O)
ㄷ. 중요치는 A가 56, B가 89, C가 50, D가 105이므로 우점종은 D이다. (X)

26 2023학년도 수능 20번

정답 : ㄴ, ㄷ

(가)는 포식과 피식, (나)는 경쟁, (다)는 상리공생이다.

ㄱ. 늑대와 말코손바닥사슴은 서로 다른 종이므로 한 개체군을 이루지 않는다. (X)
ㄴ. A의 시간에 따른 개체 수는 실제 환경에서 측정된 값이므로 구간 I을 비롯한 전 구간에서 환경 저항이 작용한다. (O)
ㄷ. A와 B는 각각 단독 배양하였을 때보다 혼합 배양하였을 때 환경 수용력이 더 크므로 두 종의 상호 작용은 상리공생이다. A와 B의 상호 작용은 (다)에 해당한다. (O)

27

2024학년도 6월 평가원 9번

정답 : ㄴ

기존 식물 군집이 있던 곳에 산불이 일어나 군집이 파괴된 후, 기존에 남아 있던 토양에서 시작하는 천이는 2차 천이이다. A는 양수림, B는 음수림이다.

ㄱ. ㉠에서 침엽수(양수)에 속하는 I, II가 활엽수(음수)에 속하는 III, IV보다 상대 밀도, 상대 빈도, 상대 피도에서 모두 상대적으로 높게 나타나므로 ㉠은 양수가 우점종인 양수림(A)이다. (X)

ㄴ. 이 지역에서 일어난 천이는 2차 천이이다. (○)

ㄷ. 식물 군집은 음수림에서 극상을 이룬다. (X)

2024학년도 9월 평가원 18번

정답 : ㄱ, ㄴ, ㄷ

A의 상대 밀도는 $\dfrac{96}{96+48+18+48+30} \times 100\,(\%) = 40\,(\%)$이므로 ㉡은 상대 밀도이다.

A의 상대 빈도는 $\dfrac{22}{22+20+10+16+12} \times 100 = 27.5$이므로 ㉠은 상대 빈도이다.

따라서 나머지 ㉢이 상대 피도가 된다.

각 생물 종의 상대 빈도(㉠), 상대 밀도(㉡), 상대 피도(㉢), 중요치(중요도)를 표로 나타내면 다음과 같다.

구분	A	B	C	D	E
상대 빈도(㉠)(%)	27.5	25	12.5(ⓐ)	20	15
상대 밀도(㉡)(%)	40	20	7.5	20	12.5
상대 피도(㉢)(%)	36	17	13	24	10
중요치	103.5	62	33	64	37.5

ㄱ. ⓐ는 12.5이다. (○)

ㄴ. 지표를 덮고 있는 면적이 가장 작은 종은 상대 피도(㉢)가 가장 작은 E이다. (○)

ㄷ. 우점종은 중요치가 가장 큰 A이다. (○)

memo

01 18학년도 6월 평가원 11번

정답 : ㄴ, ㄷ

ㄱ. 초식 동물의 호흡량은 피식량에 포함된다. (X)

ㄴ. 순생산량의 비율은 총생산량에서 호흡량을 빼면 구할 수 있으므로 32.9이다. (○)

ㄷ. II의 총생산량을 100이라고 하면 I의 생장량은 12, II의 생장량은 8이다. (○)

02 2018학년도 수능 20번

정답 : ㄱ, ㄷ

A가 B보다 크므로 A가 총생산량, B가 호흡량이다.

또한 순생산량은 A와 B의 차로 구할 수 있다.

→ ㄱ 정답

ㄴ. 식물 군집은 음수림에서 극상을 이룬다. (X)

ㄷ. 구간 II에서 분자는 증가하고 분모는 감소하므로 $\dfrac{B}{순생산량}$은 증가한다. (○)

03 2019학년도 6월 평가원 20번

정답 : ㄴ

총생산량은 순생산량보다 크므로 ㉠이 총생산량, ㉡이 순생산량이다.

ㄱ. 호흡량은 ㉠-㉡이다. 구간 II에서가 더 많다. (X)

ㄴ. 고사량은 순생산량에 포함된다. (○)

ㄷ. 생산자가 광합성을 통해 생산한 유기물의 총량은 총생산량이다. (X)

04 2019학년도 수능 20번

정답 : ㄱ

천이 과정에서 양수림이 음수림보다 먼저 출현하므로 A가 양수림, B가 음수림이다.

ㄱ. 산불이 난 뒤의 천이 과정은 2차 천이에 해당한다. (○)

ㄴ. 식물 군집은 음수림에서 극상을 이룬다. (X)

ㄷ. 생장량은 순생산량에 포함되므로 더 클 수 없다. (X)

05 2021학년도 수능 5번

정답 : ㄱ, ㄷ

간단한 자료해석 문항이다.

ㄱ. 순생산량은 총생산량에서 호흡량을 제외한 것이다. (○)
ㄴ. 주어진 그래프를 보면 틀린 설명임을 알 수 있다. (X)
ㄷ. 온도가 식물 군집에 영향을 미치므로 비생물적 요인이 생물에 영향을 미치는 예에 해당한다. (○)

06 2021년 3월 교육청 11번

정답 : ㄴ

양수림이 음수림보다 먼저 출현하므로 ㉠이 양수림, ㉡이 음수림이다.

→ ㄱ 오답

ㄴ. 호흡량은 (총생산량 – 순생산량)이다. 그래프에서 I에서 호흡량이 증가함을 확인할 수 있다. (○)
ㄷ. 총생산량에 대한 설명이다. (X)

07 2020년 3월 교육청 18번

정답 : ㄱ, ㄷ

ㄱ. 뿌리혹박테리아는 질소 고정 세균이므로 ㉠(질소 고정)에 관여한다. (○)
ㄴ. 암모늄 이온이 질산 이온으로 전환되는 것은 질산화 작용이다. (X)
ㄷ. 식물은 암모늄 이온 또는 질산 이온을 이용해 단백질을 합성한다. (○)

08 2021년 4월 교육청 20번

정답 : ㄴ, ㄷ

ⓑ가 질산화 작용을 통해 ⓐ가 되므로 ⓐ는 질산 이온, ⓑ는 암모늄 이온이다.
(가)는 탈질산화 작용, (나)는 질소 고정임을 알 수 있다.

→ ㄱ 오답

ㄴ. 질산 이온이 질소로 전환되는 것은 탈질산화 작용이다. (○)
ㄷ. 뿌리혹박테리아는 질소 고정에 관여한다 (○)

09 2021년 7월 교육청 9번

정답 : ㄱ, ㄷ

(가)는 질소 고정, (나)는 질산화 작용, (다)는 세포 호흡을 나타낸 것이다.
→ ㄴ 오답

ㄱ. 뿌리혹박테리아에 의해 질소 고정이 일어난다. (○)
ㄷ. 세포 호흡에는 효소가 관여한다. (○)

10 2022학년도 수능 12번

정답 : ㄴ

㉠은 탈질산화 세균, ㉡은 질소 고정 세균이다.

ㄱ. (가)는 탈질산화 작용에 대한 설명이다. (X)
ㄴ. 질산화 세균은 암모늄 이온을 질산 이온으로 전환한다. (○)
ㄷ. 세균은 생물이므로 생물적 요인에 해당한다. (X)

11 2018년 3월 교육청 10번

정답 : ㄱ, ㄴ, ㄷ

A의 에너지가 1000, 2차 소비자의 에너지가 20임을 구할 수 있다.
B의 에너지 효율이 10%이므로 B의 에너지는 100이다.

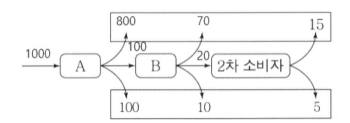

ㄱ. A는 빛에너지를 이용하므로 생산자이다. (○)
ㄴ. ㉠=800, ㉡=70이다. (○)
ㄷ. 2차 소비자의 에너지 효율은 20%이다. (○)

12 2019년 10월 교육청 18번

정답 : ㄴ, ㄷ

A가 받는 에너지가 20, C가 받는 에너지가 0.4임은 간단하게 구할 수 있다.

A에서 B로 전달되는 에너지양은 B에서 C로 전달되는 에너지양의 5배이므로 B가 받는 에너지는 2 이다.

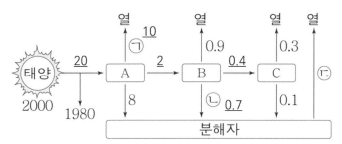

ㄱ. ㉠=10, ㉡=0.7, ㉢=8.8이다. (X)

ㄴ. A는 생산자로, 빛에너지를 화학 에너지로 전환한다. (O)

ㄷ. 상위 영양단계로 유기물이 이동한다. (O)

13 2017학년도 수능 20번

정답 : ㄷ

에너지양이나 효율 둘 중 하나를 몰라도 풀 수 있는데 굳이 둘 다 알려준 이유는 모르겠다.

ㄱ. C는 1차 소비자이다. (X)

ㄴ. A의 에너지 효율은 20%, C의 에너지 효율은 10%이다. (X)

ㄷ. 상위 영양 단계로 갈수록 에너지는 감소한다. (O)

14 2019학년도 수능 18번

정답 : ㄱ

ㄱ. 구간 I에서 종 수는 일정하지만, 전체 개체 수는 증가하므로 개체 수가 증가하는 종이 있다. (O)

ㄴ. 종 다양성은 구간 II에서가 구간 I에서보다 높기 때문에
   전체 개체 수에서 각 종이 차지하는 비율은 구간 II에서가 더 균등하다. (X)

ㄷ. 동일한 생물 종 안에서 형질이 각 개체 간에 다르게 나타나는 것은 유전적 다양성이다. (X)

15 2020학년도 6월 평가원 18번

정답 : ㄴ, ㄷ

(나)에서 1차 소비자의 에너지 효율은 10%이므로 ⊙은 100이다.

→ ㄴ 정답

ㄱ. A는 생산자이다. (X)
ㄷ. (가)에서 에너지 효율은 상위 영양 단계로 갈수록 10%, 15%, 20%로 증가한다. (○)

16 2020년 4월 교육청 14번

정답 : ㄱ

A는 II와 III 중 하나이다.

A가 III이면 C의 에너지 효율이 30%이므로 II는 B, I은 C이다.
A, B, C의 에너지가 각각 150, 15, 4.5이므로 모순이다.

그러므로 II는 A, III는 B, I는 C이다.

→ ㄱ 정답

ㄴ. ⊙은 15이다. (X)
ㄷ. 에너지 효율은 A가 10%, C가 20%이다. (X)

17 2022학년도 수능 18번

정답 : ㄱ, ㄴ

(가)는 II이고, (나)는 I이다.

→ ㄱ 정답

ㄴ. 개체군에 환경 저항은 항상 작용한다. (○)
ㄷ. 사슴의 개체 수는 포식자 외에도 식물 군집 등 다양한 요인에 의해 조절된다. (X)

18 2022학년도 수능 20번

정답 : ㄱ

ㄱ. ⊙이 서식하는 높이는 ⑩이 서식하는 높이보다 낮다. (○)
ㄴ. 서로 다른 종은 한 개체군을 이룰 수 없다. (X)
ㄷ. 새의 종 다양성은 높이가 다양한 나무가 고르게 분포하는 숲에서 더 높게 나타난다. (X)

19 2022년 3월 교육청 20번

정답 : ㄴ

A는 생산자, B는 1차 소비자, C는 2차 소비자이다. 에너지가 포함된 유기물이 B에서 C로 이동하며, A에서 B로 이동한 에너지양은 10이고, B에서 C로 이동한 에너지양은 2이다.

ㄱ. 곰팡이는 분해자이다. 생산자(A)에 속하지 않는다. (X)
ㄴ. B에서 C로 유기물이 이동한다. (○)
ㄷ. A에서 B로 이동한 에너지양은 B에서 C로 이동한 에너지 양보다 많다. (X)

20 2022년 7월 교육청 8번

정답 : ㄴ

ⓐ는 질소 고정 세균, ⓑ는 탈질소 세균이다.

ㄱ. 순위제는 개체군 내의 상호작용이다. (X)
ㄴ. ⓑ는 탈질소 세균이다. (○)
ㄷ. 질소 고정 세균에 의해 토양의 NH_4^+양이 증가하는 것은 ㉠에 해당한다. (X)

21 2022년 7월 교육청 13번

정답 : ㄱ, ㄷ

포식과 피식 관계에서는 피식자의 개체 수 변동 뒤에 포식자의 개체 수 변동이 따르므로 ㉠이 1차 소비자, ㉡이 2차 소비자이다.
(그래프의 왼쪽과 오른쪽 세로축에 ㉠과 ㉡의 단위가 나와 있는데, 영양 단계가 올라갈수록 에너지양이 줄어드는 것을 활용하여 ㉠과 ㉡을 판단할 수도 있다.)
문제에서 1차 소비자의 에너지 효율이 15%라고 했으므로 1차 소비자의 에너지양은 75가 되어야 한다. 따라서 C가 1차 소비자이다. 영양 단계가 올라갈수록 에너지양이 줄어들므로 B가 2차 소비자, A가 3차 소비자가 된다.

ㄱ. ㉡은 2차 소비자(B)이다. (○)
ㄴ. 개체군에 환경 저항은 항상 작용한다. (X)
ㄷ. 2차 소비자의 에너지 효율은 $\frac{15}{75} \times 100\% = 20\%$이다. (○))

22 2023학년도 9월 평가원 9번

정답 : ㄱ, ㄷ

'암모늄 이온이 질산이온으로 전환된다'는 질산화 작용이 갖는 특징이고, '세균이 관여한다'는 질산화 작용과 질소 고정 작용이 모두 갖는 특징이다.

특징 ㉠만 갖는 A는 질소 고정 작용이고, B는 질산화 작용이다.

ㄱ. B는 질산화 작용이다. (○)

ㄴ. ㉠은 '세균이 관여한다.', ㉡은 '암모늄 이온이 질산 이온으로 전환된다.'이다. (X)

ㄷ. 탈질산화 세균은 질산 이온이 질소 기체로 전환되어 대기로 돌아가는 탈질산화 작용에 관여한다.
(○)

23 2023학년도 수능 12번

정답 : ㄷ

ㄱ. 산불에 의한 교란이 일어난 후 진행되는 천이는 2차 천이다. (X)

ㄴ. I 시기에 단위 면적당 생물량(생체량)이 일정하므로 순생산량과 호흡량은 같고, 호흡량은 0이 아니다. (X)

ㄷ. II 시기에 생산자의 총생산량은 순생산량보다 크다. (○)

memo